中國美術分類全集

中國建築藝術全集

23

宅第建築（四）（南方少數民族）

中國建築藝術全集編輯委員會　編

凡例

一 《中國建築藝術全集》共二十四卷，按建築類型、年代和地區編排，力求全面展示中國古代建築藝術的成就。

二 本書為《中國建築藝術全集》第二十三卷『宅第建築（四）（南方少數民族）』。

三 本書圖版按照南方少數民族的分類編排，詳盡展示了南方少數民族宅第建築藝術的傑出成就。

四 卷首載論文《珍貴的民族建築文化遺產——中國南方少數民族民居概論》和《中國南方少數民族民居建築藝術散論》作為綜述，其後精選了彩色圖版二〇六幅。在最後的圖版說明中對每幅照片均做了簡要的文字說明。

目錄

珍貴的民族建築文化遺産

——中國南方少數民族民居概論

一　中國南方少數民族概況

中國共有五十六個民族，除漢族外，少數民族有五十五個，其中大分散小集中、居住在中國南方的共有三十四個。現將其中的怒、普米、景頗、佤、傣、壯、苗、侗、土家、彝、哈尼、羌、布依、白、納西、瑤、畲等十七個民族的民居建築藝術編入本卷加以論述。

（一）族源、語系

從遠古時代起中國南方廣大的土地上就有原始人類活動。考古發現舊石器時代人類遺址有：生存於一千七百萬年前的雲南『元謀人』、『西疇人』，『桐梓人』、四川『資陽人』，遺址多處，南方各省很多地方都有發現，証明了中國南方很早就有人類勞動、生息、繁衍。各族群為了生存，進行頻繁地遷徙、流動、融合、分散、壯大，形成南方漢族以及三十四個少數民族的族群。說明在舊、新石器時代，中國南方已經是一個多族群雜居的區域。直到周秦以后，對少數民族的居住遷徙等方有了簡單的文字記述。

一般說來，居住在中國南方的古代先民屬於氐羌、百越、百濮以及地方原住民等系統。史書記述古羌人是祖國大西北最早的開發者之一，戰國時期部分羌人南下，向金沙江、雅礱江一帶流徙，經過與遠古就居住在這一帶的族群交流融合，分散壯大，逐漸發展演變為漢藏語系藏緬語族的羌、彝、白、怒、普米、景頗、哈尼、納西等民族的核心。土家族亦屬藏緬語族，是一個古老的民族，秦漢後史書均有其先民巴人活動的記載。苗瑤先民與遠古『九黎』、『三苗』、『南蠻』有密切的關係，經過長期頻繁輾轉遷徙，逐步在湘、鄂、川、黔等的廣大地區定居下來，并散及雲南，發展為漢藏語系苗瑤語族的苗瑤族的核心。畲族亦屬苗瑤語族，六朝至唐宋時其先民已聚居在閩、粵、贛三省交界地區生息繁衍。古代我國東南沿海地區的越部落集團被稱為『百越』，公元三世紀時，今廣東、廣西一帶是其主要聚居中心，由此向西延伸，散及貴州雲南等地，逐漸發展演變為漢藏語系壯侗語族的壯、傣、布依、侗等民族的核心。『百濮』是我國西南地區的古老族群，其分佈多與『百越』族群交錯雜居，逐漸發展為南亞語系孟高棉語族的佤族等民族。

（一） 社會經濟形態

南方少數民族分佈廣闊，社會發展很不平衡。大體是在交通方便、接近漢族住地、受漢文化影響較多的民族，社會發展較快，反之，則發展緩慢。雲南尤為突出，不僅各民族社會發展類型多，而且同一民族因所在地區不同，也處在各不相同的社會發展階段。到一九四九年末，南方少數民族中已進入封建地主經濟階段的有：壯、苗、侗、土家、羌、布依、彝、白、納西、畲等族；進入地主經濟，但部份還保留封建領主經濟的有：普米、哈尼、瑤等族；傣族處於封建領主經濟階段；怒、佤、景頗等族尚處於原始社會末期。

（二） 宗教風俗與文化

南方少數民族多處於封閉狀態的環境，能較多保存其原始文化。在漫長的歷史發展過程中，保留著歷史上的氐羌、百越、百濮文化基因，同時吸收了漢文化和外來文化新的因子，創造了具有沿海、內陸、邊疆特點又獨具特色的民族文化，形成南方少數民族文化具有歷史階段性、地域性、民族性和兼容性的多維面貌，充實和豐富了中華文化的寶庫。由於多居住邊遠地區，環境閉塞，交通不便，其文化又具有一些原始的共性。宗教信仰在各族人民生活中仍有較大影響，不少民族都不同程度地保存著萬物有靈、多神信仰、圖騰崇拜和祖先崇拜，信奉佛教、道教，還有少數信奉天主教和基督教。少數民族多無文字，口頭文學十分豐富，以神話、詩歌、傳説等形式，將社會歷史，人民思想感情，生產、生活情況流傳下來。各族人民多能歌善舞，且多為集體形式，以表達群體情感。婦女多善刺繡挑花，服飾鮮艷。各少數民族歷史上都有不少創造對祖國文化做出了積極貢獻，彝族很早就有彝文和許多彝文典籍，是中華文化的寶貴資料。彝族的『十月太陽曆』是我國最早的曆法。白族、納西族、侗族建築技藝精湛。哈尼族、畲族的梯田培植，傣、彝、苗、侗、布依、土家等族的稻穀文化，傣、佤的竹文化，布依、苗、白族的臘染紮染文化，壯族花山、佤族滄源的崖畫，侗族的鼓樓、風雨橋，以及納西族的東巴文化象形文字等都各領風騷。民居建築豐富多彩，因社會經濟、地域特征，氣候條件以及傳統文化的差異，各民族民居形式各異，有干闌式的『竹樓』、『吊腳樓』；井干式的『木楞房』，干闌式的『垛木房』；泥築的密樑泥土平頂『土掌房』；石築的『碉房』，『石屋』；木構架的瓦頂落地式房屋等等，如一座鮮花盛開的大花園，異彩紛呈，尤以白、納西的三、四合院，彝族的『一顆印』，侗族、苗族、土家族的『木樓』，布依族、羌族的『石屋』，傣族的『竹樓』等建築文化享有盛譽。（王翠蘭）

二　中國南方少數民族的自然環境

中國南方從西藏邊境到上海、臺灣，從長江流域到南沙群島，跨經度近五十度，緯度三十多度，包括滬、臺、蘇、浙、贛、皖、湘、鄂、川、渝、藏、滇、黔、閩、粵、桂、海南等十七個省市自治區。幅員遼闊，有衆多少數民族聚居或雜居。

中國南方大陸地勢西高東低，構成所謂『三大階梯』：以青藏高原為最高一級階梯，海拔多在四千米以上，有『世界屋脊』之稱；青藏高原以東、經雲貴高原至巫山雪峰山為第二階梯，海拔一般在一千至二千米之間，由高原、丘陵、盆地組成；東部丘陵地帶和平原是第三階梯。境內萬里長江自西向東、怒江、瀾滄江、珠江自北而南入海。

中國南方江河縱橫，湖泊密布，除川西、滇東北、滇西北為高原溫帶外，大部份是季風影響下的亞熱帶溫濕氣候。夏季日照強烈，炎熱多雨，七月平均溫度攝氏二十八度，一月平均温度攝氏十度左右。年降雨量一千至一千五百毫米，東南、華南沿海丘陵地區可達二千毫米，無霜期三百天左右。沿海地帶及東海南海島嶼常受颱風襲擊。從臺灣南部、雷州半島、滇南景洪、河口、金平、元江等河谷地區直到南沙群島均屬熱帶氣候，夏季超過半年以上。雲貴高原還有『一山分四季，十里不同天』的立體氣候：高山積雪寒冷，壩子四季如春，河谷炎熱長夏。西藏屬高原寒帶、温帶氣候。由於藏族民居編入《中國建築藝術全集》第二十二卷，本書不再論述。

中國南方土地肥沃，動植物、礦物、能源等資源豐富。盛產稻穀、玉米、小麥、油菜籽等農作物，磚、瓦、木、石、竹、藤等建築材料。一九四九年前東部及沿海地區經濟文化有一定發展，而中西部則較滯後，發展很不平衡。沿海與內地、東部與西部、內地與邊疆、平地與山區、漢族與少數民族聚居地區，存在很大差距。由於歷史的各種原因，長期以來各少數民族逐步從北往南、從東向西、從內地到邊疆、從平地上山區不斷遷徙。直到一九五〇年，除白、壯、納西、傣、回族等多住壩子，及少數與漢族雜居者外，大多數南方少數民族均聚居在我國邊境、邊遠山區或丘陵地帶。一般交通不便，經濟發展緩慢，文化水平較低，生活比較艱苦；而自然環境大都山川秀麗，景觀優美。在少數民族中，也因經濟文化發展水平不同，而呈垂直分布，雲南文山州就有『漢族回族住街頭，傣族壯族住水頭，苗族住山頭，瑤族住箐頭』的特點。（陳謀德）

三　中國南方少數民族民居的建築藝術概論

建築藝術是建築群體的組織、建築形體和室內外空間環境的創造，以及吸收繪畫、雕塑、園林藝術等形成的綜合性藝術，也是一種具有時間藝術因素的空間藝術。中國南方少數民族由於不同的生存環境、經濟文化水平和民族習俗，民居不僅與漢族宅第有很大差異，在各少數民族之間也風格迥異、各具特色。這種不同的建築藝術風格是人們在幾千年建築實踐的發展演變中形成的，源遠流長。現將民居的主要建築藝術特點，概括為四方面論述於后：

（一）適應環境，因地制宜，群體和諧環境優美，散發著芬芳的鄉土氣息

中國南方各少數民族，多聚族而居，分布在壩子、山區、丘陵地區。村寨小的十至五十户左右，如怒、景頗、普米、布依、瑶、羌、畲族村寨；中的上百户，如傣、土家、哈尼、彝、佤族聚落；大的幾百上千户，如白、納西、侗、壯、苗族村鎮。各族村寨、民居，都能適應地區不同環境，因地制宜，靈活布局，從而取得群體和諧的整體美和韻律美，並散發出芬芳的鄉土氣息，和形成村寨的地方與民族特色。

壩子中的村寨

景洪、瑞麗市傣族村寨多分布在綠色的原野上或清澈的溪流旁，便於生産生活和洗浴。朝向一致的低矮竹樓群，在翠竹椰林的掩映下，與矗立的筍塔、佛寺對話。寨內有寨心亭和井亭，村寨洋溢著傣族風情和熱帶、亞熱帶風光。

大理市白族村寨多建在蒼山東麓的田野和洱海之濱的土地上，房屋背山面水，形成街巷。村前的大照壁和葉茂根深的大青樹，是村寨入口的標誌；村內溪水流淌，户户種樹養花。粉牆黛瓦鱗次櫛比的白族民居，在銀蒼玉洱的懷抱中，風光綺麗，環境優美。

麗江縣納西族村寨多位於玉龍雪山下壩子裏的河流旁，寨中均有一小廣場稱『四方街』。古城大研鎮河渠縱横，『冬無嚴寒，夏無酷暑』，民居沿河布置，處處小橋、流水、人家，有『高原水鄉』之譽。寧蒗縣納西族支系摩梭人在瀘沽湖畔的木楞房村寨，有的被湖水環繞，波光雲影，水天一色，環境絶佳，鄉土氣息芬芳醉人。

廣西和滇東南的壯族村寨，常建於壩子邊緣的平地或坡地上，依山近水布置，綠樹蔥蘢，景觀秀麗。

丘陵地帶的村寨

黔東南、桂北侗族村寨，多依山而築，坐坡朝河，或沿河延伸。飛閣重檐屹立寨中的鼓樓、廊閣相接横跨溪流的花橋，是侗寨的特徵和標誌，豐富了干闌式木樓群的天際輪廓綫。村寨在青山綠水襯托下，極富濃鬱的侗鄉風情。

湘鄂西、川東的土家族村寨，多分布在山間坡地、壩邊山腳或河畔坡坎上，背風向陽，靠山面水。村落常以祠堂廟宇為中心，形式有序，總體和諧，富有人情味。處處正房落地、廂房吊腳的民居，是土家村寨特有風貌。

黔中南、西南的布依族村寨多位於山地，依山就勢、高低參差；有的建於山坡，面向

田疇。石頭建築群和石坎、石階、石渠組成的『石頭王國』，是布依族村寨的主要特色。

黔東南苗族村寨，多處於群山環抱中，有的前臨河水。寨門是界定村寨空間的標誌，寨內有一活動中心——石砌銅鼓坪；周圍是半邊吊腳樓或干闌式木樓，疏密相間，錯落有致，顯出苗寨特色。

閩東畲族村寨多建在交通閉塞的山岳地帶，半山腰上。民居靠山向陽，高低錯落，與山區環境協調。風水樹、石臺階、土牆瓦頂的民居，形成畲族山村的風貌。

滇西南滄源縣佤族村寨多分佈在阿佤山的山間、山坡或小山頂上。寨內有寨心亭和寨樁，一幢幢橢圓形歇山草頂民居，在竹木環繞和薄霧籠罩下，表現出佤族村寨原始、粗獷、自然、和諧的獨特風貌。

廣西瑤族村寨多位於丘陵地區的山腰、坡腳，背倚青山，面臨田野，景觀秀麗。

山岳地區的村寨

川西北的羌族村寨位於青藏高原東部、岷江上游的巍巍山巒之間。石頭碉房依山而立，高聳雕樓矗立寨中，成為村寨標誌，宛如一座古城堡。山寨景觀雄渾、壯麗、敦厚、堅實，與莽莽群山相互輝映，相得益彰，特色突出。

滇西北的怒族村寨，位於怒江峽谷兩岸的高黎貢山與碧羅雪山中。山高谷深，危崖峭壁，民居依山就勢，不拘朝向，靈活佈局，間距較大，樹木茂密。環境險峻，觸目驚心，具有山村的原始美。

滇西北普米族村寨分佈在崇山峻嶺中的緩坡地帶，氣候寒冷，林木繁茂。井干式『木楞房』散落其中，原始粗獷，山鄉味濃。而位於寧蒗瀘沽湖畔緩坡上的普米族村寨，多為三、四合院，佈局緊湊，倚山面水，環境優美。

滇西景頗族村寨多建於山區近森林水源的山坡上，房屋佈局自由，間距較大。茂林修竹掩映著長脊短檐的干闌式茅舍，是景頗山鄉的特有景色。

滇南彝族村寨，多分佈在峨山、新平等縣的哀牢山區，順山修建，倚山向陽。在一片蔥綠的梯田上，呈現出層層疊疊平頂的黃褐色『土掌房』，韻律優美，鄉土氣息濃烈。

滇南哈尼族村寨，多在紅河、元陽、金平等縣山區佈滿梯田的山腰上。脊短坡陡的四坡草頂民居，在綠樹叢中層疊而上，遠看狀如蘑菇群，顯示出哈尼村寨特有景色。

（二）平面各異，空間多樣，適應生活，宜於居住，蘊涵著優美的民族風情

我國浙江河姆渡發現七千年前原始干闌建築遺址，雲南劍川海門口發現三千多年前的干闌建築遺址，説明『今南方人巢居，……古之遺俗也』（《太平御覽》）。干闌建築利於防潮通風，避免水患及蟲蛇走獸危害，適應南方自然條件，歷史悠久。至今，南方三十四個少數民族中，仍有傣族等二十三個民族全部或部份住干闌式建築，占百分之六十七點七。本書論述的十七個少數民族中，仍有十一個民族全部或部份住干闌建築，占百分之六十四點七。各族民居就是各族人民社會生活、民族習俗空間化的結果，內涵十分豐富，因而平面各異、空間多樣，以適應不同民族的生活。

居住類型

南方少數民族民居按主要居住生活層的豎向佈置，可分為樓居、半樓居、地居三種類型：

樓居均為干闌式建築，樓上是住人的居住生活層，樓下開敞（也有的全部或部份封閉），飼養禽畜、堆放雜物從事副業。如傣族竹樓，侗族、壯族木樓，怒族、景頗族、佤族民居及部份瑤族、哈尼族僾伲人民居等。德宏州傣族民居底層全部封閉，失去干闌建築特色，但仍保持了樓居的傳統。

半樓居　建在坡地上的民居，一半架空為干闌式，一半在地面上，也稱半邊樓、吊腳樓。樓面與地面平的一層是主要居住生活層，半樓面半地面，故稱半樓居。如苗族、壯族民居；土家族民居廂房住子女、來客，為半樓居或全樓居。

地居　主要生活居住層在地面上，人住樓下，物存樓上，是受漢族民居的影響。如白族『三坊一照壁』、納西族『四合同』、彝族『一顆印』均是地居的合院建築，哈尼族、布依族、普米族、羌族、畲族民居都是地居，土家族主房為地居，在壯族、瑤族民居中也有地居型的。

平面形式

南方少數民族民居的平面佈置，可概括為獨立式、聯排式、合院式三種形式。

獨立式　一户一幢，平面按功能需要靈活佈置，形式多樣。大都有曬臺、門廊或梯廈、挑廊，無內天井。多設火塘、鐵三角架，除供做飯烤火外，還是多神崇拜祖先崇拜的對象，經常祭獻。一般對外開門窗，是開敞的、外向的。平面多不對稱，有以下几種：

近方形平面。如景洪傣族竹樓，有門廊、曬臺、火塘，矮籬環繞自成院落。彝族『土掌房』、哈尼族『蘑菇房』、羌族『碉房』平面也近方形或缺角成曲尺形。都利用高低錯落的屋頂作為居民曬糧、休憩、交往之處。山區平地很少，利用屋頂確屬一大創造。

長矩形平面。如怒族、景頗族、德宏州傣族民居，有前廊、門廊、曬臺、火塘；侗族、壯族、苗族、普米族民居都有挑廊或前廊，大多設火塘。平面多開敞、外向，不對稱佈置。

橢圓形平面。如佤族民居，設前廊、曬臺、多個火塘。底層開敞，樓上較封閉。

聯排式　如瑤族『竹筒式』民居，開間小，進深長，各戶聯排組合。有的方形『一顆印』、矩形侗族木樓、苗族半邊樓等，也聯排組合，節約用地。

合院式　主要是平面近方形的三、四合院，對外封閉、對內開敞；還有並聯串聯成多重院。如白族、納西族的『三坊一照壁』、『四合五天井』，彝族的『一顆印』民居。人們在人與自然隔離的合院中，創造了一個『小自然』——綠化的庭院。這個內院連著尊卑有序的正房、廂房，是居民生活的中心，也是封建社會倫理觀念的空間化顯現。土家族、畲族等民居也有四合院重院的。

寧蒗納西族摩梭人對稱的四合院和普米族不對稱的三、四合院，院子較大，設有喇嘛教經堂，門樓上小間住成年婦女，便於夜間接待『阿注』(即伴侶)。這種民居是適應母系家庭居住和『走婚制』的需要而產生的。土家族三合院，半圍合半開敞，兼有獨立式與合院式民居的特點；而四合院式吊腳樓，又是獨特的合院式。

空間形態

空間是建築的靈魂。南方少數民族民居的空間形態，包括靜態空間、動態空間和動靜空間交叉、組合、轉換的多維空間。

靜態空間　是一種內向、單一、圍合、清晰的三維空間形態，產生『靜態美』。如羌族『碉房』、彝族『土掌房』、哈尼族『蘑菇房』、普米族『木楞房』等，比較封閉內向，屬靜態空間美。但『碉房』屋頂上半開敞的照樓，『木楞房』的外廊，又具有一定的動態空間美。白族、納西族的三、四合院和彝族『一顆印』的內院，圍合、內向、恬靜、隱蔽，主要是靜態空間美。但綠化的庭院空間與開敞的堂屋室內空間、通透的迴廊過渡空間互相滲透、穿插、復合，又有動態空間的美。

動態空間　是一種外向、復合、開敞、模糊的四維空間形態，增加了時間的因素。傣族竹樓，從開敞的架空層這個流動空間上樓，到設有美人靠的前廊的半開敞過渡空間，進堂屋半私密空間再入卧室靜態的私密空間。竹樓開敞外向，主要是動態空間美，但又有從動到靜的轉換。侗族、苗族、景頗族、佤族等民居的空間序列，是從開敞的梯廈或架空層登樓，經過渡空間半開敞的挑廊或門廊進堂屋、火塘間，入私密空間臥室。其中佤族門廊為半圓錐形過渡空間，均富於變化而有動感。瑞麗傣族竹樓的梯廊、門廊、陽臺開敞，堂屋開落地窗，室內外空間流動、滲透，而具動態空間的美。

動靜態空間的組合、轉換 動靜兩種空間不是孤立存在的，事實上兩種空間都在交替轉換、交叉組合成多維空間。即使主要是靜態空間的白族四合院，當串聯或並聯成二、三重院時，從進門小院這個過渡空間到前院，經半開敞的花廳到後院進室內，就是室內外空間的放收、開合、大小、高低、明暗、動靜的交替和延續。而『走馬轉角樓』的內院空間，由於雙層柱廊和通四個小院的開口，又形成多個空間的交叉重疊與組合，從而又表現出多維空間變幻的動態美。

至於室外空間的序列變換就更是這樣了。從不同寨門，穿村寨不同石徑， 到銅鼓坪；從四面八方民居小巷經小街到『四方街』小廣場；從村外過風雨橋進村；從低矮的四週的民居群，到高矗的鼓樓、筍塔、寺廟前，橫向、豎向、動態、靜態空間都在不斷轉換延續。不用說四季變化，就一天之內的雲海茫茫、晴空萬里、暮雨朝霞、光影變幻；綠樹婆娑、花香鳥語、飛瀑流泉、人歡馬叫，說明村寨空間主要是動態的、多維的，富有節奏感、整體美和韻律美的。也可以說村寨是在空間不斷變換中洋溢著鄉土氣息、民族風情和美感的。

（三）建築形象，質朴自然，造型獨特，異彩紛呈，表現出濃鬱的民族風格

建築是科學技術與建築藝術的綜合體，也是『地道的象徵型藝術』。建築藝術像『每種藝術作品都屬於它的時代和它的民族』（黑格爾《美學》）一樣，具有時代性和民族性，曾被喻為『凝固的音樂』、『石頭的史書』。但『建築主要是一種鄉土藝術』，具有鄉土性、地區性，『使建築與其他藝術相分離，也是因為建築藝術相對地缺乏真正藝術創作自由的結果』（〔英〕羅傑·斯克魯登《建築美學》）。建築還是一種應用科學。南方少數民族民居，融合於大自然山水之間，質朴自然，鄉土氣息濃鬱，民族特色鮮明，富有形體美和藝術美。

木垛的山歌——『垛木房』

碧羅雪山（又稱怒山）北部的干闌式怒族民居，為井干式壁體，木板蓋頂，稱『垛木

房』或『木楞房』。這種虛實、輕重、通透與封閉強烈對比的奇特造型，在中國民居中是罕見的例子。建築既空靈又敦實，流露出粗野、稚拙、純樸、自然的野趣。滇西北山區普米族居住的一、二層『垛木房』，形象粗獷古樸。這種木楞層疊而上的『垛木房』，具有原始美、自然美，頗富韻律感，宛如一首凝固的木垛的山歌。

竹子的詩篇——『竹樓』

西雙版納和德宏州傣族民居最早完全用竹建蓋、草頂，故名『竹樓』，後來逐步用木樑柱、屋架、樓板、牆壁，而造型依舊仍是干闌建築，一户一院，並仍習慣稱『竹樓』。靈活多變的建築體型、輪廓豐富的歇山屋頂、遮蔽烈日的偏廈、通透的支柱層和門廊，取得良好的通風遮陽效果，並形成強烈的虛實、明暗、輕重對比，在翠竹花木掩映下婀娜多姿。建築風格輕盈、通透、纖巧、柔美，好似俊俏的傣家少女。德宏州傣族『竹樓』梯廈、門廊開敞，陽臺懸挑，各種花紋的竹蓆牆、落地窗、竹欄杆，更表現出輕巧柔婉的『竹樓』風格，——一首無聲的竹子的抒情詩篇。

景頗族民居為低樓干闌式竹樓，除木樑柱、木檁外，全部用竹。長脊短簷倒梯形屋面的懸山草頂，是我國古建築這種屋頂造型流傳至今的孤例。建築風格獨特、古拙，有粗野、原始之美。

佤族民居為高樓干闌式竹樓，除承重木構架外，全用竹材。橢圓陡峭的歇山草頂，覆蓋在底層架空的樓面上，形成明顯的虛實、明暗對比，博風板在屋脊牙交叉呈燕尾形，造型奇特，建築風格古樸、粗獷，具有豪放不羈之美。

木頭的贊歌——『吊腳樓』

侗族民居是二、三層全木結構的干闌式木樓，即『吊腳樓』。屋頂多為懸山，蓋瓦或樹皮，坡度平緩出簷深遠；簷下常加披簷，正面似重簷，山面若歇山。木樓從架空層挑出一、二層，或逐層向外挑出，由懸挑的外廊環繞；造型上大下小、上實下虛；裝修簡樸自然，不施油飾；取得輕盈、生動、靈活、質樸的視覺效果。這種到處懸挑的木樓，把木材的性能和質感發揮得淋漓盡致，真是一首木頭的贊歌。桂北山區壯族木樓除歇山瓦頂外，風格與侗居相近。

黔東南苗族民居是二、三層全木結構的半邊『吊腳樓』，懸山瓦頂出簷一米，正面的外廊花格欄杆、美人靠豐富了建築形象，并顯示出木材紋理、質感，富有素淨、清淳的素質美。

土家族民居，正房為土牆懸山瓦頂，廂房為全木結構一、二層『吊腳樓』，歇山瓦頂，四角起翹，也有懸山頂山牆加披簷的。廂房在正面和內側從支柱層挑出一、二層外廊。建築風格輕盈、飄逸，含有向上升騰的動態美。

泥土的調子——『土掌房』

滇南哀牢山區彝族哈尼族民居，全部或部份采用一、二層『土掌房』。用毛石腳、夯土或土坯牆，密椽鋪柴草抹泥的樓面和平屋頂。房屋結合地形，高低錯落、尺度宜人，造型頗似現代小住宅。黃褐色土牆在綠樹掩映下，富有渾厚、朴實、粗野之美。哈尼族民居除局部用『土掌房』外，樓層用脊短坡陡的四坡草頂，遠看形如蘑菇，又稱『蘑菇房』。這種『土掌房』，牆體、樓面、屋面都用泥土製作，幾乎成了泥土的王國，也是一首凝固在泥土中的彝族調子。

石頭的史書——『碉房』、『石屋』

羌族民居二、三層平屋頂，造型方整，形如碉堡，屋面局部升起敞廊稱照樓。外牆全部用毛石砌築，開小窗，內部為木構架木樓板。除細部裝修外，近似藏族『碉房』。寨內高聳的『碉樓』更是石築藝術的瑰寶。羌族『碉房』又稱『莊房』，風格粗獷、雄渾、堅實、敦厚，是羌族人民剛毅、樸實性格和長期生存斗爭的體現，是一部『石頭的史書』。

黔中佈依族民居是一、二層石屋，除木構架外，勒腳、外牆、地坪甚至屋面隔牆均用石建造。屋面用片石鋪成菱形，外牆開小窗，呈現出敦實、粗獷、純樸、自然之美。村寨中的寨牆、堡坎、臺階、道橋，均用石造；民居中的花臺、爐竈、磨碓、飼槽、水缸、米櫃、桌凳也用石製。極目四望，除綠樹翠竹外，完全是石頭的海洋。『石屋』是記載佈依族歷史的『石頭的史書』。

凝固的古樂——『三坊一照壁』、『四合同』、『一顆印』

大理白族民居『三坊一照壁』、『四合五天井』和重院，都有內院，并用圍屏、洞門與小天井分隔，環境靜謐恬適。民居色調淡雅，屋頂微曲，照壁飄逸，門樓華麗，山花爛漫，木雕精美，圍屏如畫；在靜態美中有動態美，在抽象美中有具象美，既富形式美又有藝術美，構成了絢麗、俊秀、綽約多姿的建築風格。民居內院空間與堂屋、小天井之間，重院庭院之間，室內外空間相互滲透，并有內外、明暗、大小、開合的不斷變化，猶如音樂的節奏與韻律，是一首空間化的白族古樂。

麗江納西族『四合同』多重院等民居，有收分的毛石或土坯牆，檐下通長的木壁帶窗，出簷深遠的懸山屋頂，寬厚的博風板與優美的懸魚，腰簷上做凹廊的山牆，精雕細刻的槅扇、窗檽，圖案多樣的磚石鋪地，『無論在適用或藝術處理方面似乎都高出一籌』

《劉敦楨文集》第三卷）『最美麗生動的住宅要算麗江』。（劉致平：《中國居住建築簡史》）民居造型下重上輕，比例適度，明暗虛實對比強烈，建築形象輕盈、飄逸、淡雅、雋永，猶如一首凝固的納西古樂——音律高雅的『洞經音樂』。

畲族民居的三、四合院，石腳土牆、懸山屋頂有跌落變化，有的山牆做一、二層披簷，或做歇山頂，樸實無華，素淨清秀，富韻律感。

瑤族民居粉牆黛瓦、懸山屋頂。竹筒式聯排民居的碩大屋頂與橫列式的仄長屋頂相間，民居高低、長短相間；色調淡雅，風格樸實，韻律優美，節奏明顯。

彝族『一顆印』民居，三間兩耳土牆瓦頂，對外封閉，方整如印故名。內院較小，但四面退出走廊、堂屋開敞，擴大了天井和室內空間。平面緊湊占地較少，有利防風防盜，獨户生活。建築風格端莊質樸，內院室內外空間相互滲透，不感閉塞；屋面錯疊、挑廊玲瓏、花木點輟，頗富美感。

（四）建築裝飾淳樸淡雅，優美秀麗，豐富多彩，呈現出鮮明的民族特色

建築裝飾裝修除保障建築功能外，主要起美化建築的作用，屬裝飾美，是建築藝術的重要組成部份。各族民居的裝飾裝修，由於經濟、文化水平與民族風俗習慣不同，而有較大差別。『木楞房』、『土掌房』、『蘑菇房』、『碉房』、『石屋』、『長脊短簷房』等基本上沒有裝飾。佈依族『石屋』上的墀頭，佤族橢圓房門上的牛角雕飾，均頗原始、稚拙；而白族、納西族民居裝飾裝修又豐富多彩。

各少數民族民居裝飾裝修的做法

一般都是在滿足功能的條件下，進行藝術加工，大體上有以下三點：

物質功能與建築藝術結合　裝飾部位均基於其物質功能：土牆飾面基於防雨護牆，封火牆裝飾起於防火，窗欞花格源於采光通風，博風板、樑、枋油飾出於防腐，照壁實為圍牆，同時進行美化和藝術加工，以滿足人們的審美需要。

建築藝術與繪畫、書法、雕刻、園林結合　抽象圖案與具象題材結合　如在白族民居照壁圍屏中、鑲嵌有天然山水的大理石上題詩；大門、簷下框檔內有人物、山水、花鳥畫或書法；庭園的綠化和園林鋪地；格子門槅心透雕，在卍字圖案上雕花鳥蟲魚等，除給人以美感外，還寄托了房主祈福求壽的願望和對倫理觀念的執著。

一般部位與重點裝飾部位結合　一般部位從簡，而重點地方加強，如大門、照壁、山牆、欄杆、門窗、鋪地等。色彩一般以材料本色或素雅冷色為主，而門樓、門窗則較艷麗。

各少數民族民居裝飾的主要部位

大門　白族、納西族三、四合院門樓，飛簷、斗栱，木雕、泥塑，施彩貼金，富麗堂皇。土家族、畲族等在圍牆上設獨立雙坡瓦頂門樓。彝族『一顆印』，普米族四合院等為單簷瓦頂門樓。瑤族民居大門上有題字匾額，色彩斑斕，頗有特色。

外牆　白族、納西族民居，土坯或夯土牆粉刷后，在簷下、腰簷下做框檔、有的繪畫題詩。傣族民居竹編蓆紋牆，做各種圖案。

山牆　白族民居山尖輪廓，做成等邊多角形、人形、鞍形；用六角磚等貼面，并泥塑各種白色或彩色圖案，寓意深長，山花爛漫。納西族民居山牆腰簷上裝欄杆開門窗，博風板上做各種懸魚，形態優美，清秀飄逸。

照壁　白族民居照壁屋頂，有『如翬斯飛』的飛動感，裝飾較多，俊美秀麗。納西族民居照壁裝飾簡樸，淡雅素淨。

樑枋、柁礅、吊柱、欄杆　白、納西、土家、侗、苗、壯、畲、瑤等族民居，在樑頭，穿枋、雀替、掛落、吊柱，欄杆處，多有不同程度的木雕裝飾。如土家族民居的柁礅、欄杆，苗族欄杆上的美人靠等。

門窗　三、四合院和普米族經堂中的格子門，槅心多層透雕，各族木格窗窗櫺花格優美。

平頂　白族、納西族內院走廊裝平頂，堂屋前做藻井加以美化。

柱礎　白、納西、土家、畲族、『一顆印』民居等，均有形式多樣雕刻精美的柱礎。

鋪地　納西族民居內院用卵石、磚瓦組成各種圖案鋪地，最為著名。白族民居用石板、刻花大理石鋪地，土家、畲、佈依族、『一顆印』民居等用石板鋪地。

經堂、神龕　普米族喇嘛教經堂內有雕刻精美、紅黃基調的神櫃，室外走廊上繪藏式壁畫，鮮艷奪目，富有藏族建築裝飾特色。畲族神龕上的金色祖牌，雕刻精美；傣族神龕也色彩絢麗。

各少數民族民居的色彩

建築色彩屬於視覺藝術的範疇，是建築藝術的重要組成部份，影響建築的表現力，還可以反映地區和民族特色。其發展規律是從樸素到豐富，從單一到複雜，從自然到創造。

各少數民族早期用天然材料蓋房，色彩為材料本色，比較單純。如用草、竹、木蓋的怒族『木楞房』、景頗族、佤族草頂干闌房，傣族『竹樓』，是黃褐色；『碉房』、『石屋』是石材的淺褐、白灰色；『土掌房』、『蘑菇房』是土黃色主調中加草頂的黃褐色。用瓦屋頂以后，又增了瓦的黑灰色，如侗、苗、壯族民居的木樓。『一顆印』、土家、壯、畲、瑤族民居，用石腳、石牆、粉白外牆、棕色油漆門窗、瓦頂，色彩隨人工材料增多而增加，但基本色調是粉牆黛瓦。色彩較豐富的是白族、納西族民居，內院樑枋門窗用栗色或暗紅色油漆，局部貼金，平頂漆淺藍，圍屏藍灰與白色中點綴大理色墨綠色。白族民居外牆以白色為基調；在簷下、山牆、門樓等處以黑、白、藍色為主點綴小塊綠黃色，門樓還有點狀暗紅色。總的素雅、清麗，與白族尚白習俗一致，有個別門樓絢麗華貴一些。

南方少數民族民居，在建築色彩上有以下特點：

第一，除材料本色外，主要喜用無彩色的黑、白、灰，冷色藍綠和中性色綠黃等，與南方少數民族尚色大多為黑、白、青一致。色彩與自然環境協調，使民居呈現出寧靜、安祥的氣氛，適於居住。大門也與漢族府第朱門不同，而顯出民族特色。

第二，宗教信仰、祖先崇拜對建築色彩的影響，使公共建築色彩豐富，與民居的淡雅形成鮮明對比，增加了村寨的色彩。如傣族村寨小乘佛教的寺廟，紅牆黛瓦、室內金碧輝煌；筍塔挺拔雪白，或金光燦爛、五彩繽紛。普米族、納西族摩梭人民居中的喇嘛教經堂，受藏族影響，以紅黃色為基調，間用藍色，色彩富麗熱烈，都是以暖色為主。反映自然崇拜、圖騰崇拜的侗族鼓樓、花橋，除簷板、瓦當處塗白色外，有的彩繪侗鄉風情、歷史故事，色調淡藍局部點綴紅黃綠色，有的在屋脊上彩塑，飛禽走獸，色彩璀燦奪目。反映祖先崇拜的畲族神牌和神靈崇拜的傣族神櫃，以朱紅貼金色為基調，更是金光燦燦、色彩斑斕。這些人們創造的建築色彩，都極大地豐富了村寨和民居內部的色彩。

中國南方少數民族民居，是一份十分珍貴的民族建築文化遺產，其建築藝術也是個豐富多彩並富有地區和民族特色的寶庫。以上衹是從總的方面作一概述，掛一漏萬。各少數民族民居的建築藝術，將在散論中，按民族分別加以論述。（陳謀德）

中國南方少數民族民居建築藝術散論

一　怒族民居

怒族先民來自古代的『盧鹿』蠻和『阿尤』或『龍』的古老族群，逐漸發展形成近代的怒族人口有二萬七千餘人。語言屬漢藏語系藏緬語族。主要聚居在雲南西北部怒江傈僳族自治州的怒江兩岸，著名的橫斷山脈峽谷區。高黎貢山、碧羅雪山夾峙的怒江自北向南奔騰而下，構成切割很深的怒江大峽谷，兩岸峭壁危崖，地勢險峻，交通十分不便。高山峽谷氣候分熱、温、寒三帶和江邊熱、山腰温、山巔寒的立體氣候，有『十里不同天』的特點。森林、藥材、水利、礦產等資源豐富。

至一九四九年，怒族社會處於原始社會末期向階級社會過渡的歷史時期。怒族信奉原始宗教和基督教、天主教、喇嘛教等。一夫一妻制家庭為社會經濟單位。

怒族以血緣親屬關係聚居組成村寨，規模大小不等。崇山峻嶺中的村寨，房屋依山就勢，自由分佈，一般間距較大，朝向服從山勢，道路蜿蜒曲折，順山而行，散發著強烈的山村自然美；怒江河谷的村寨，多坐落在怒江畔的扇形衝積堆上，激流轟鳴，日夜相伴，房屋散落於中，安然自得。

每户住房一幢，均無院牆。由於山崖石堅地陡，難於取平，多為一邊架於山崖地面上，另一邊在崖坡栽長短不等的木柱，將居住面架平，形成干闌形式的架空層。上部用料就地取材，在氣温較熱竹木豐茂的地方，為竹蓆牆、雙坡草頂的干闌式竹篾房。平面矩形，內分兩間，均有火塘，外間煮飯兼子女臥室，內間為父母臥室。雙坡懸山草頂，出簷頗深，陰影濃鬱，掩映著低矮的竹蓆牆和通透的架空層，形成虛實、光影對比，建築風格輕盈質樸。與大自然的竹林芳草、一片綠色融為一體，景色如畫。在氣温較低森林茂密的地方，是圓木相疊的牆體和木（草）雙坡頂的『垛木房』，亦稱『木楞房』，即井干式，形成干闌與井干組合的干闌式『垛木房』，形式獨特，為中國民居中所少見。平面方形或矩形，一至三間，一間者為方形，中有火塘，煮飯寢臥均在此。三間者中為凹廊，是進入室內的過渡空間，兩邊為卧室，均有火塘，父母子女分別居住。木材不施油漆，顯露天然本色和質感，具有敦厚、樸實的原始美。表現了深山密林中的民居建築，依靠自然的賜予，并和諧共處的密切關係。（王翠蘭）

二　普米族民居

普米族是古代游牧民族羌戎的後裔，原住青海甘肅邊境，元初隨蒙古軍進入雲南。現聚居於雲南西北的蘭坪寧蒗縣，少數分佈在麗江中甸等縣，總人口二萬九千六百餘人。語言屬漢藏語系藏緬語族羌語支，用漢文。一九四九年前寧蒗永寧社會處於封建領主經濟階段，蘭坪則是封建地主經濟。一般實行一夫一妻制，而寧蒗永寧普米族卻保留了母系家庭，和『阿注』走婚制。普米族信奉原始宗教，逢年過節都要祭祀祖先、竈神等；永寧的普米人還篤信喇嘛教，家中特設經堂請喇嘛唸經，村寨中有喇嘛廟或嘛呢堆。

普米族多在林木茂密的山區聚族而居，蘭坪通甸、寧蒗永寧海拔分別為二千米、二千七百米左右，氣候寒冷。村寨建在山腰緩坡地帶，背風向陽，依山就勢，靈活佈置，一般二三十户，也有几户和四五十户的。永寧落水上村，背倚鬱鬱蔥蔥連綿山嶽，面臨高原明珠瀘沽湖水，環境十分幽靜，美不勝收。

蘭坪普米族民居一般由二層三開間『木楞房』（即井干式）組成不封閉的三、四合院或曲尺形院落，房前有單層或兩層前廊，有的從二樓懸挑前廊，作為室外家務活動場所和過渡空間。石勒腳、井干壁體與木構架結合、蓋雙層木板瓦或筒板瓦。樓上儲物，樓下住人并設火塘。主間做高架火塘與周圍兩三張床同高，形成整體，上安鐵三角架燒水做飯，塘火終年不熄，除取暖外，還是過年過節祭祀、待客的地方。『木楞房』，又稱『垛木房』，造型各異，不施油漆，垛木牆層層疊疊，木板瓦縱橫交織，紋理自然，韻律優美。建築風格古拙、粗獷、自然、敦厚，宛如一首凝固的木垛的山歌。

寧蒗永寧三、四合院『木楞房』，是母系大家庭的住所，平面不對稱，與納西族摩梭人對稱四合院不同。主房單層有火塘並設神龕供竈神，是女主人、小孩居住的地方，和做飯、祭祀、家庭活動的中心。廂房門樓底層作庫房畜廄，樓上一側為經堂，另一側或門樓上為成年婦女接待性伴侶『阿注』的幾個小間卧室，以適應男不娶女不嫁的『走婚制』需要。

經堂為石腳、木構架、土牆、筒板瓦頂，前有外廊、欄杆、槅心透雕的門窗和色彩斑斕、線條流暢的宗教題材壁畫，頗有藏族風格。經堂內做平頂、設神龕、供佛像，雕刻精細，彩畫精美，油漆顏色以紅黃原色為基調與淺藍色平頂對比強烈，富麗堂皇，具有藏族喇嘛廟裝飾特色。經堂是普米族民居中，建築質量最好並加以裝修的房屋，其濃裝艷麗與『木楞房』的粗獷灰褐形成鮮明對比，說明住户對喇嘛教的虔誠，同時，也增添了村寨的色彩，活躍了村寨的氣氛。（陳謀德）

三　景頗族民居

景頗族是在滇緬邊界跨境而居的民族，與青藏高原氐羌部落關係密切，由於氣候寒冷生活艱難，逐步南遷，至十七世紀末大量遷居滇西。境內人口十一萬九千餘人，主要聚居在盈江、隴川、瑞麗、潞西等縣市山區。語言屬漢藏語系藏緬語族景頗語支。族內有幾個支系，景頗支主要分佈於盈江縣；浪速（朗峨）支散居於盈江銅壁關、瑞麗南京里等地。一九四九年前，景頗族居住的中心區，保留著較多農村公社的特點；接近傣族地區有封建領主制影響；與漢族雜居地區有封建地主經濟特徵。實行族外婚和等級內婚，一夫一妻制家庭。景頗族有豐富的口頭文學，能歌善舞，並信仰鬼靈，認為人有靈魂，自然界中的日月山川等都有鬼靈，給人禍福，所以生活中要殺牲祭鬼。

景頗族聚居的山區，海拔一千至二千米，年平均氣溫攝氏十二度左右，雨量充沛，植物繁茂，出產水稻、旱穀、紫膠、咖啡、芒果、菠蘿，以及珍禽異獸，素被譽為孔雀之鄉。

景頗族村寨多建於靠近水源的山坡或山脊，一般二三十户聚族而居。道路蜿蜒曲折，房屋靈活佈置，間距較大。茂林修竹掩映著長脊短簷的干闌茅舍，呈現出景頗山村的特有景色。

景頗族民居為長矩形平面，干闌式竹木結構，懸山草頂倒梯形屋面、或木結構瓦頂。樓上分間住人，有火塘，取暖做飯，樓下飼養禽畜。分低樓式（底層高一米內）高樓式（底層高一點六米至二點一米）兩種。傳統低樓式民居為木柱、木檩縱向承重，竹椽、竹壁、竹或木樓面、草頂、不開窗，從山面門廊登梯入室。屋頂坡陡達四十五度，出簷超過一米，山面屋脊挑出遠於屋簷，有的加中柱支承，以防雨淋門廊，形成長脊短檐的倒梯形屋面。這種兩千多年前的古建築屋頂形式，唯一在景頗族民居中流傳至今，造型獨特，風格古拙，頗有粗野、原始之美。銅壁關山區還有這種倒梯形屋面低樓式干闌民居，竹編蓆紋牆，山面立中柱，出簷深遠，陰影濃厚，綠樹掩映，散發出山村茅屋的鄉土氣息和自然美。

景頗村寨裏還有低樓干闌式外廊民居，與單建廚房組成一字或曲尺形佈局；入口樓梯設在正面前廊。隴川章鳳廣山寨景頗族的這種民居，改用土坯砌山牆，花木環繞，環境優美。銅壁關小寨有的干闌式外廊民居，用石腳、穿斗式木構架、木檁、椽、樓板、欄杆，冷攤瓦頂，已非長脊短檐，竹蓆牆或土坯山牆。民居與廚房組成院落，矮籬環繞，綠草如茵，頗有鄉村別墅的韻味和美感。有的從山面登樓，通長前廊寬敞明亮，是居民日常生活休憩的地方。

銅壁關山區還有曲尺形高樓干闌式外廊民居，木構架、深出簷、有垂柱、鼓形柱礎、冷攤瓦頂，木欄杆，竹蓆牆與局部土坯牆組合，形成虛實、輕重、粗細、明暗對比，構成美的旋律，建築風格輕盈、粗獷，是較高水平的景頗族民居。（陳謀德）

四　佤族民居

佤族先民是古濮人的一支，是滇西南最早的居民，佤族現主要聚居在怒山南段阿佤山區、滄源、西盟等縣，總人口三十五萬一千九百餘人。無文字，語言屬南亞語系孟高棉語族佤德語支。一九四九年前阿佤山中心區部份佤族處於原始社會末期；邊緣地區有封建領主經濟特點；而在靠近漢族、人口不到百分之十的鎮康等地，已是封建地主經濟。佤族實行一夫一妻制，子女婚後另立家庭。信仰萬物有靈，做事要占卜吉凶，祈鬼神保佑；剽牛祭鬼，並把牛頭骨當財富掛在簷下。滄源班洪等地還信仰小乘佛教。

阿佤山區峰巒疊嶂，平壩很少，屬南亞熱帶氣候，滄源年平均氣溫攝氏十七點四度，終年無霜，年降雨量一千五百至三千毫米。出產稻穀、玉米、茶葉、水果、木材、竹子、礦產等。阿佤山區在雨量稀少的冬春季節上午，常有茫茫霧海，濕度大，利於茶葉、砂仁等植物生長，并把阿佤山裝點得更加秀麗。

佤族村寨多建在樹木茂密的山坡或山頂平地上，一般幾十至百户左右。村寨中心建寨椿或方寨心亭內立寨椿，供祭祀用。亭為歇山頂，木博風板在屋脊交叉處，有象牙形木插銷錨固，造型美觀。一幢幢不拘方位、自由佈置的草頂橢圓房，在薄霧籠罩下，與大自然的茂林修竹融合在一起，景觀優美，並呈現出佤族村寨自然、粗獷、古樸、奇特的風貌和整體美。滄源班洪有的村寨內，樹木蔥籠，藤蘿纏繞，曬臺相望，炊煙裊裊，更富生氣和野趣。

滄源佤族民居，是竹木結構草頂的干闌式建築，利於通風、防潮。平面橢圓，樓上住人，分二三間，大間堂屋兼臥室，有火塘做飯、取暖，小間存物或臥室，半圓形入口門廊與曬臺相連，樓下飼養家畜。屋頂坡陡約六十度，屋面蓋到樓面而無外牆，室內屋頂三角形空間，用作儲物，開草製外撐老虎窗，通風採光。除樑、柱、檁、樓楞用木材外，大量用竹。造型奇特，歇山草屋頂兩端竹或木博風板在屋脊交叉呈燕尾形，屋脊兩側壓竹，稱屋脊牙，均有插銷錨固。雲南晉寧石寨山出土兩千多年前小銅房和日本長野縣仁科神明宮都有這種燕尾形博風板，三千多年前的滄源崖畫上也有橢圓頂干闌建築，説明佤族民居源遠流長，和中日建築文化上的淵源。

佤族民居施工粗拙，不加油漆，不重裝修，而顯示獨特造型、材料質感；建築風格原始、古樸、粗獷、自然，富有濃鬱的鄉土氣息、民族特色，顯示粗野、自然豪放之美。有的大房子板壁上畫古拙的人獸壁畫，大門上刻粗放的人體、牛角浮雕，博風板交叉處刻花紋、燕子和人像，反映了民居的原始宗教信仰和審美心理。

佤族人民在長期生息繁衍的阿佤山區，曾創造了山地文化——竹文化：生活上住竹樓、用竹碗、食竹筍、坐竹凳、睡竹蓆；生産上用竹弩、竹箭、竹簍、竹筐。反映了竹在佤族社會生活中的特殊位置，和竹文化構成佤族傳統文化的特徵。佤族民居——橢圓竹樓，可以説是竹子編織的無聲的詩篇。（陳謀德）

五　傣族民居

傣族是雲南的古老居民，與古代『百越』有族源關係。漢時其先民被稱為『滇越』、『撣』。總人口約一百〇二萬餘人，語言屬漢藏語系壯侗語族壯傣語支。主要聚居在雲南西雙版納傣族自治州和德宏傣族景頗族自治州。地勢平緩，瀾滄江、瑞麗江分別貫穿其間。雨量充沛，屬亞熱帶和熱帶氣候。竹木茂密，資源豐富。

到一九四九年，分佈各地的傣族社會，分別處於封建地主制、封建領主制和領主制向地主制過渡階段。傣族主要信仰原始宗教和小乘佛教。一夫一妻制小家庭，兒女婚后便與父母分居，留幼女或幼子同住。歷史上有許多著名的詩歌、故事，以口頭文學方式，傳播甚廣。人們普遍愛好歌舞。

村寨主要分佈在山間盆地的廣闊田野上，清澈的溪流旁。周圍鬱鬱蔥蔥的樹木、竹林，圍繞著傣族竹樓。佛寺屹立在村寨的路口或高地上，造型別致，雄偉壯麗，與一群低矮的民居，形成強烈的對比，是村寨獨特的風貌。寨內房屋朝向基本一致，有自然優美的序列和韻律。道路兩旁排列著挺拔的椰子樹、飄香的果木，以及葱籠的灌木蘿藤，以高、中、低層次互補，組成綠色屏障，掩映著一幢幢干闌式民居，洋溢著亞熱帶（熱帶）的村寨風光。

各户都用竹籬圍成院落，內種熱帶果木。房屋過去用竹建造，稱『竹樓』。平面近方形，樓上住人，登梯上樓首至凹廊，是進入室內的過渡空間，有屋頂遮陽避雨，週圍欄杆和美人靠圍合，視野開闊，空氣流通，光線良好，是家人待客、納涼及日常活動處。外有竹曬臺，存水洗物，給樓居生活用水方便。內有堂屋和卧室，堂屋中設火塘，煮飯燒茶，家人圍火塘團聚。樓下架空，養禽畜，部分用來存糧和放雜物。歇山屋頂，脊短坡陡，出簷深遠和四週建偏廈，構成重簷，防止烈日照射，使整幢房屋的室內籠罩在濃密的蔭影中，以降室温。碩大的屋頂，黃褐色的竹牆，通透的前廊，輕巧的竹曬臺和木柱林立的架空層，構成虛實、明暗，輕重對比；加以平面凹進凸出，屋頂、牆身隨之靈活變化，在熱帶花木掩映下，婀娜多姿，流露出輕盈、飄逸、通透、柔美的建築風格。

近年所建民居已有較大發展，另建廚房，改善堂屋炊煙繚繞之苦；卧室分間，並使用床桌；外牆開窗；建築用料也普遍提高，以木代竹，甚至有用磚柱，混凝土曬臺者。但干闌建築的傳統風格猶存。

德宏瑞麗傣族民居，村寨的竹林尤為茂密。竹在人民生活中佔有重要的地位，諺語說：『吃竹、住竹、燒竹、用竹』，說明日常生活都離不開竹，故村寨週圍和各家院內都喜種竹。寨內户間距離較大，各户有較大的院子，用綠籬、竹林、果木圍繞，景色更為幽雅。寨內有水井，上建小井房保護水質，是寨內喜人的一小品。西雙版納井房多帶宗教色彩，如象、塔等。瑞麗的井房，多為石砌小亭，造型玲瓏優美。內中均放舀水竹筒，供取水用，也便於行人飲水解渴。

房屋組成與西雙版納相同，但平面佈局有別，呈長矩形，樓上前廊和竹曬臺在住房的朝陽端，室外設單跑梯直達前廊，梯上懸挑一小屋頂，保護木梯不受雨水侵濕，構思巧妙，既滿足功能需要，又為外觀增色，賦予入口以生動、美妙、別致的形象。竹曬臺上建有存水臺，上蓋屋頂，形成通透小巧的存水空間，較好地保護水質，也是外觀的藝術構成。表現了飄逸、輕盈、柔美的『竹樓』風格。堂屋和臥室排列於後。架空層四週圍竹蓆，已變為儲物空間。最後部是單層廚房兼餐廳，設專用梯與樓層聯係，上下方便。歇山草頂脊長坡緩，近年多已改用白鐵皮屋頂。竹蓆外牆利用竹材正反面光澤質感的不同特性，編織成各種花紋，不施油漆，顯示材料的質感美，裝飾牆壁，圖案千姿百態，宛如一首竹的詩篇，成為瑞麗民居的地方特色。左右牆上開設落地式窗，分上下兩段，可根據氣候分別開啟，夏日兩段齊開，涼風徐徐吹入，大大降低了室温。火塘已被取消，但仍習慣圍坐於原火塘位置週圍待客。民居喜做簡單的裝修，有的用直櫺木條裝飾門頭，簷口、門頭板雕几何花紋，以及花格欄杆等，簡潔優美，也是瑞麗民居的地方特色。（王翠蘭）

六　壯族民居

壯族具有悠久的歷史，秦漢時期文獻記載我國南方百越族群中的西甌、駱越部族，就是今日壯族的先民。現有人口一千五百四十八萬餘人，僅次於漢族，其中百分之九十一左右聚居在廣西壯族自治區，雲南省文山壯族苗族自治州等地有壯族一百多萬人。用漢文，説壯語，屬漢藏語系壯侗語族壯傣語支。主要信仰多神及道教巫教。一九四九年前為封建地主經濟，並有資本主義經濟成份。勤勞的壯族人民能歌善舞，創造了花山崖壁畫、銅鼓文化、壯錦、口頭文學、古文與古詩詞等，豐富了祖國文化寶庫。

廣西壯族自治區北接雲貴高原，南瀕南海北部灣，地勢西北高，東南低，境內江河縱橫，山脈、丘陵及盆地交錯分佈。年平均氣温在攝氏二十度左右，屬亞熱帶氣候，夏長冬短，雨量充沛，以水稻耕作為主，生產水平與當地漢族相近。

壯族傳統的民居建築為干闌式，在廣西亦稱『麻欄』，明《炎徼記聞》中記載：『壯人……居舍，茅緝而不塗，衡板為閣，上以棲人，下畜牛羊豬犬，謂之麻欄』。

壯族一般都選擇靠山近水，綠樹葱籠或修竹茂盛之地建設村寨。注意環境清潔，景觀秀麗，又便於灌溉和洗滌。寨中民居建築沿等高線或沿山腳並排佈置。左右各户相互銜接，前後留出空地形成橫向通道。

建於桂北邊遠山區緩坡地上的干闌式民居，底層全部架空，如龍勝民居。建於宜山、德保等丘陵地帶的干闌式民居，多是將山坡劈鑿為平臺與陡壁，平臺作為民居進深後半部的地面，進深的前半部用柱子架空，使樓面板同後面平臺面平齊，成為『半邊樓』或半樓居。近年來因受漢族建築文化的影響，平原地區多為夯土牆的平房或樓房，有的為合院，人住樓下為地居。這三種形式的民居平面多是三開間佈局，中間一間為堂屋，進門後左側一間設火塘，右側一間堆放糧物或做手工勞作場地。在進深的三分之二處用木板隔出橫向長、進深淺的房間供作臥室。堂屋正對入口處設神龕，龕前設香案，供祖先及各類神祇的牌位。桂北山區以三開間帶偏廈或五開間居多，堂屋旁有過間，前為望樓。平房民居的堂屋室內空間有兩層高。左右兩間則架有樓板，形成樓層。

上述各種形式的民居立面上，在樓層正面都挑出通長的挑臺，外設欄杆，上面由坡屋頂屋簷伸出遮蓋，成為陽臺，用於晾衣、存物或供人休憩眺望。歇山或懸山坡屋頂上覆草或覆瓦，木外壁上，有的開落地窗或設凸窗。外觀形象樸素自然，屋簷下的挑臺，增加了立面的起伏，在日光照射下多了一層明暗變化，暗示出室內的空間關係，對豐富壯族民居的藝術形象起著重要作用，成為壯族民居的一個明顯的特徵。

在干闌式半樓居民居的入口外面有一座用條石砌的臺階直通二層，也是壯族民居外觀中重要的構圖要素，因而在壯族中常稱姑娘出嫁為『下梯』。

雲南省東南文山壯族自治州的壯族與廣西壯族同源，宋代以後有不少壯族居民從廣西遷滇，現有百分之七的壯族人民聚居文山州。境內山巒起伏，叢林密佈，山川秀麗，大部地區屬亞熱帶氣候。農作物一年二至三熟，並是『三七之鄉』、『八角之鄉』。過去住房『喜樓居』，畜牛羊於下，『無椅凳，席地而坐』，上樓『脱履梯下而後登』（《雲南府誌》），為干闌式，至今邊遠地區仍是這樣。壩區住房是地居式。村寨如馬關縣鍋盆上寨，麻慄坡縣南朵寨等，大都在平壩邊緣，蔥鬱的山坡上，背山向陽，高低錯落，環境優美。民居為樓房，木構架，夯土牆，懸山瓦頂，三至五開間，明間前部為堂屋，後有梯上樓，兩側為臥室，其中一側前部為廚房，樓下住人，樓上存物。一般都有單層前廊或門廊，有的兩頭或一端封閉使用，有的從二層或平房瓦頂局部延伸成披屋，也有兩層外廊，或從二層挑出外廊，變化豐富，不拘一格，靈活自然，頗富美感。（楊穀生、陳謀德）

七 苗族民居

苗族是一個古老的民族，主要分佈在貴州、湖北、湖南、雲南、四川、廣西等省（區），人口有七百三十九萬餘人，貴州約佔一半，全省各地均有分佈。語言屬漢藏語系苗瑤語族苗語支。信仰多神，崇拜祖先，實行一夫一妻制小家庭。一九四九年前以封建地主經濟為主。

貴州地處雲貴高原的東部，全省多為山地，巖溶地貌佔全省總面積的百分之七十三，河流縱橫，雨量充沛，冬無嚴寒，夏無酷暑，氣候宜人。出產水稻、玉米、油桐等，礦產、木材等資源豐富。挑花、蠟染和銀飾素享盛名。

苗族民居建築隨自然環境，建材資源，經濟水平等因素，形式各異，有不同的地方特色。黔東南地區多木構干闌式建築，穿斗式構架，巧於因藉地形，又有干闌式和半邊吊腳樓之分。承重和圍護結構全用木材。屋頂用小青瓦、樹皮或茅草覆蓋。黔中地區為全木或石木結構兩種，後者獨具特色，穿斗式構架，內外牆體用薄石板鑲嵌於柱枋之間，屋頂用薄石板覆蓋，頗具地方特色。南部邊遠區屬亞熱帶濕潤氣候，建築以竹木為主，穿斗式木屋架，厚竹片編織的圍護牆體。西部高寒地區的苗族，多建土木結構民居，簡易木構架，土牆，茅草屋頂，冬暖夏涼，適應當地氣候。

苗族村寨主要集中在黔東南地區，成片聚居，其他分散雜居的村寨也多以苗族為主。一般選建在依山面水或山腰坡地，少數分佈在平地上，並在近耕地，有水源，便通行，有建材，有利生產，方便生活的地方，靈活佈置。村寨規模不一，如三穗縣的寨頭是七八百户的大寨，雷山縣的西江則是上千户的群寨，但幾十户百余户的村寨較多。雷山縣郎德上寨是個百余户的村寨，已有六百六十多年的歷史。處於群山環抱中，寨前河水東流。村寨有上、中、下三個寨門，作為村寨空間的界定和出入標誌，顯現出強烈的空間領域感。寨內三條主幹道沿坡而上，分支小道平行於等高線。路面均用鵝卵石或青石板鋪砌，整潔衛生。寨內有一較大的銅鼓坪，場地用石塊鋪砌，圖案與銅鼓鼓面意匠相似，富有強烈的地方與民族特色。遠眺村寨，佈於坡地上疏密相間的吊腳木樓，形成自然生長的村落形態。這是在特定地域，人們為了創造自己的生活環境，滿足物質生活的需要和各種行為方式的狀況下發展起來的。劍河縣下巖寨也有百餘户，六百多年的寨史，村寨建於群山環繞，三面臨水的陡坡地上，風景優美。苗族村寨都注重環境綠化，又有其不同的特點，給人留下美的感受。

黔東南的苗居屬干闌建築，其他民族也以干闌式木樓或半邊吊腳樓居多。底層養牲畜，存飼料，柴草和碓米，二層半邊樓為生活居住層，閣樓存放穀物和小型生產用具。以二層堂屋為家庭生產、生活中心（侗族半邊樓則以三層的寬廊、堂屋為多功能的活動中心），是裝修的重點，兩側房間次之，側面與背面只做一般處理。第一，平面佈局：隨地形佈置，以一字型多開間為主，兼有L型、院落式等多種形式，靈活多變。朝向依山勢變化。第二，建築形象：簡易茅屋，造型古樸簡潔；全木構建築和磚木、石木建築各有不同的外部形態，質樸自然，體現了自然條件、建材以及歷史傳承的製作技法的差別，又富地方和民族特色。第三，承重結構：几乎都是木構架承重，典型的房架對上部荷載均勻地傳遞到每個立柱，結構合理。第四，立面與細部：西部和南部民居簡潔、古樸，同自然環境渾為一體，很有趣味。黔中地區的石板房，臺基上次間窗下，以一米多高三米闊的大塊石板和上部尺寸不一的石板嵌於柱枋中，不同紋樣的門窗花飾和柱枋的橫豎線條，從屋基、牆身到屋頂的處理，都給人以美感。黔東南地區木作匠師製作手法各地不同。側立面比較粗拙，而正立面裝修，特別是堂屋，則是精雕細刻，以明間為構圖中心，出挑前廊美人靠和垂花吊柱，為全宅裝飾醒目之處。穩重的石砌屋基，橫豎線條對比的柱枋和鑲在其中的壁板組成木質牆身，木紋清晰可見。屋脊落腰，屋面起翹呈雙曲線屋頂，既有不同材料的質感和色調，又統一於自然環境之中，尺度近人，富有素淨、清麗的素質美。（譚鴻賓）

八　侗族民居

侗族是一個古老的民族，現有人口二百五十餘萬人，分佈於湘、黔、桂毗連地區和鄂西南一帶。其中貴州侗族人口佔百分之五十五點六。這裏水系發育，氣候溫和，雨量充沛，晨昏多霧。但由於地形起伏較大，加之受緯度、高度及大氣環流等影響，氣溫差異也十分明顯。所謂『山下桃花山上雪，山前山後兩重天』，『七山一水一分田，一分道路和莊園』的民諺，形象生動地概括了這一地域氣候複雜、多山、雨、潮濕的社會自然條件以及高山、坡地、巖坎縱橫，田土面積有限的特定的高原地貌環境。

侗語屬於漢藏語系，壯侗語族、侗水語支，分南北兩部方言，在方言中又各有三個土語區。歷史上對居住在這一帶的少數民族稱為『峒民』或『洞人』。古代文獻不少關於洞人（峒人）、洞蠻、洞苗的記載，至今還有不少地區保留『洞』的名稱，後來『峒』或『洞』演變為對侗族的專稱。

侗族主要是一夫一妻制的父系小家庭，信仰多神和菩薩，擅長建築、農耕。一般聚族而居，一寨一族姓，同姓家族隨著人口的發展，又分成許多支寨分住於大寨、小寨或上寨、下寨，一般以老寨為中心開展社會活動。

侗族民居平面空間的基本形態有三個特點：

有明顯的山地建築特徵

依山就勢，高低參差；平面空間自由多變；充分發揮豎向組合的特點；在起伏不平的地貌環境上運用『架空、切角、懸挑、吊柱』的手法，表現出獨特的與山地環境結合的建築形態。

反映溫熱、濕潤的建築環境特點

架空的支座層；開敞的寬廊；瀟灑、輕盈的挑簷；層層外挑的建築造型；以及輕盈、飄逸的立面視覺效果，都體現出地域環境特點。

具有強烈的民族特性

特徵鮮明的鼓樓標誌，使群體佈局在自由中求得了秩序，在統一中求得了變化，成為侗族集落有鮮明特徵的符號和代碼。除鼓樓、風雨橋、戲臺外，還有歌坪、禾晾、井亭、禾倉等公共設施，它們點綴於侗族木樓之中，組成一幅有濃鬱侗族風情的山鄉景色。

侗居大多為干闌式木樓，二層為生活居住層（半邊樓則在三層），空間形態的產生與發展，是歷史、社會、環境、文化等因素共同作用的結果。而貴州侗族民居形成個性，在於它對環境和文化的特殊性的重視，並體現在建築群體內在的精神與外觀的表象之中。

侗族民居群體集落特徵為：

特徵鮮明的鼓樓標誌

侗族干闌民居群體集落，盡管多為順應自然地形走向的自由式佈局，但群體空間形態所表現的對村寨中心普遍重視的意識卻到處可見。它以蘆笙舞坪、戲臺、廣場或是以集會場所的公共建築——鼓樓作為標誌。

高聳入雲的鼓樓，飛閣重疊，層層而上，斗栱結構，攢尖或歇山頂式，遠看好似一株金銀巨杉屹立寨中，形成了侗族的主要標誌。

自然衍生的寨落形態

侗族村寨總體佈局，是以文化觀念與地方習俗為潛在的脈絡，結合當地風俗民情與地理氣候，擇近水傍山處，建築隨地形自由伸展，民居鱗次櫛比地發展衍生。在漫長歷史發展過程中，形成一種自然中有秩序、隨意中有規律、變化中有統一的群聚組團。雖然形態各異，不拘形式，但整體上是統一協調的，空間環境也是極富生活情趣的。即便村寨中心佈置有鼓樓廣場等集會場所或交往空間，其總體格局依然是自由圍合的集落式形態。

侗族集落形態從宏觀上區分大致有以下幾種類型：群山環抱，成組成團；隨山就勢，自由衍生；於河道一側，坐坡朝河；在河道兩旁，呈帶狀延伸。這就是侗族人民對村寨地段選擇的共同特點。

內向封閉的寨落空間

侗寨居住形態，總體上説，屬於內向型、封閉型，這與自給自足的自然經濟影響分不開。但是他們能從實際出發，創造和尋求自身生存的環境空間，並能取得由內向到外向、由封閉到開敞的空間效果。

侗居寨落形態盡管有機自由，但是有些也設置寨門作為村寨空間的限定，因而寨門就成為侗寨處所方位和領域限定的特殊形式，同時還兼有村寨集落地點的標誌作用。

侗寨交往空間往往以寨門、場壩、涼亭，或是小尺度的院落、小街、窄巷構成。更有長廊閣宇式的風雨橋、橫躺於寨頭村腳的溪流河水之上，成為感情交流、鄰里交往及人與『小社會』的聯結點。這裏還有充滿民族傳統特色的集市場會，連接成一道絕妙的連續空間，形成一道有強烈民族色彩和傳統特色的商業步行街道。

生機盎然的環境風貌

侗鄉山川環境秀麗，這裏村頭寨邊多蓄有古樹，名曰『風水林』，以神樹為標誌的林木、綠籬灌叢，蔭鬱參差，草木崢嶸。寨內以石板鋪砌的主幹道垂直等高線佈置，配以呈脈狀生態的寨內小徑，隨地形彎曲延伸。侗族寨址喜歡臨近水面。泉井、溪流、堰塘交織成侗鄉水網，這裏人畜水源分開設置，並創造有造型別致的井亭，以保護水體。

貴州從江縣增衝大寨溪流環繞並穿寨而過，風雨橋三座橫跨其間，干闌民居廊檐相接，著名的增衝鼓樓聳立寨中，四周堰塘滿佈，糧倉建於塘上，『禾晾』立於房前屋後，水光山色相映，構成了一幅生動優美的侗鄉風情畫。廣西三江縣林溪鄉的程陽橋和侗寨風光，也名聞遐邇。（羅德啟）

九　土家族民居

土家族生息在湘鄂川黔四省交會的武陵山區。這裏峰巒重疊，江河縱橫，景色秀麗，氣候温和，自古物產富饒，宜於人類生息，『長陽人』化石説明鄂西清江流域十萬年前就有古人類活動。

清江、阿篷江、酉水、漊水源頭聚會之區，是巴人的發祥地。在華夏與西南文化的往返傳播中，巴人起過極其重要的中介作用；巴人與楚人結合之後，這個作用尤其明顯。土家族是公認的巴人嫡裔，人口五百七十多萬，在當代少數民族中也稱得上大族。土家族有自己的語言，屬漢藏語系藏緬語族，目前只在湘西北少數地區通行。一九四九年前多為一夫一妻制小家庭，信仰多神和土王、祖先崇拜。

武陵山區山多田少，民居擇地，都必須讓出平壩。為了適應山坡地形，吊腳樓的建築形式必然成為首選。吊腳樓本來也是我國大西南各族共有的建築傳統，以吊腳之高低來適應地形變化，可以減少土方開掘，不須破壞地貌；隔絶潮濕，促進通風，又保証居室私密性。

從土家民居的井院圍合趨勢看，分明來自黃土地區的井院式窯洞。土家民居是西南與中原建築相當成熟的結合，有堪稱完備的法式和易於識別的面貌。由於井院圍合，當然出現空間美。山坡上的房屋不僅前後縱深配置，而且處於不同標高，因此經常出現層次之美、輪廓之美。村落每以祠堂廟宇為中心，有其形成的秩序，表現為群體之和諧。市鎮鄰里，有的以水井為中心，形成既美麗又富於人情味的場所。

平面　土家民居平面，有常規的『生長』順序，又有很豐富的變化。最基本的是連三間一字屋，在圍成井院時稱『正屋』，原則上不吊腳。生活過得去的人家，必定建成一正一横或稱『鑰匙頭』。横屋，或曰廂房，通常做成吊腳樓。較為富裕的人家，總要爭取做一正二横，或稱『三合水』、『撮箕口』。一旦餘裕寬綽，則通常要加『朝門』，形成『四合水』；還可發展到『兩進一抱廳』、『四合五天井』，甚至另加圍屋，造成畫棟連雲。

龕子　由吊腳支承樓板，垂柱支承走欄並蓋上『罳簷』的廂房，土家人稱為『龕（土家讀Qian）子』，平時住子女，家有紅白喜事作客房。樓下吊腳空間作畜欄、廁所、放置農具雜物。樓頂若有天棚，則常用於堆放糧食。通常正面和內側有走欄，欄杆每作重點裝飾，也有做『美人靠』之例。龕子是土家族民居的共同標誌，但也有強烈個性——人們很難找到兩座雷同的龕子。

罳簷　完整的龕子正面通常做成類似官式建築的『歇山』頂，稱為『罳簷』。可以相信，來歷失考的『歇山』之『歇』就是『罳簷』二字的『疾呼』。在土家地區都可看出：罳簷是由懸山加雨搭——鄂西稱『簷排子』——演變而成的。歇山的山花部分——鄂西稱

『鴉雀口』——常聽其敞開以便通風。罳簷之產生本出於擋雨和通風功能，卻同時帶來美學價值，使土家吊腳樓顧盼多姿。

將軍柱　土家民居的圍合趨勢，促成『將軍柱』這一特殊構造方式的發展。將軍柱又稱『傘把柱』『衝天炮』，是在正屋脊線與橫屋脊線的交點上立下來的一根柱子。這根柱子十分明確地支承著來自正屋和橫屋兩方屋蓋的荷重。所以盡管土家民居也用一般穿門架，但轉折處顯得特別成熟，有章法，一絲不苟。武當山復真觀道院的木構奇觀『一柱十二樑』，就是土家十分普通的將軍柱。

懸挑　土家宅第充分發揮木料性能，大量應用懸挑構造。挑簷是最常見的懸挑，至少挑出一步架（八十厘米至一百厘米）。龕子的走欄支承在挑瓜柱上；挑瓜柱由挑枋支承，下端不落地，常雕成『瓜柱頭』——也就是官式建築的『垂花柱』。簷口瓜柱向上縮短，可構成專為挑出二步簷口的『板凳桃』。在『板凳』上鋪木板作堆放收獲物之用，就成為簷下的『燕子樓』。懸挑構造之廣泛使用令土家建築分外輕靈飄逸。

木裝修　走欄欄杆、瓜柱下端、挑枋頭、連簷板、和門扇窗櫺，都是重點裝飾之區。利川有的挑枋用象鼻，鶴峰，『反挑枋』用馬頭，為他處所未見。屋蓋有平脊、直簷、直椽子的，也有折水、抬山、翹翼角的，大概愈往南愈呈曲線。『雙椽』構造僅見於咸豐，此種構造促進屋面通風，不容鼠類藏身，有其獨到優點。

石雕刻　武陵山區盛產石料。在比較『豪華』的馬頭牆房屋中用於門框抱鼓，與其他地區同樣精工。柱礎礅自下而上，分成方——八角——圓三段，這是常法；但三段的比例、花紋，則千變萬化。利川三元堂鏤空石礎礅在歷史上可能找到南漢劉龔殿上石礎礅的先例。劉龔在鏤空的石礎礅中焚香，使香煙沿柱繚繞，增加殿堂的神秘氣氛。三元堂居然保存此項遺制，令好古敏求之士驚喜。

火鋪　有的民族稱火塘，既是建築構造的一部分，又類似固定家具。火鋪中央置火坑，不僅供炊煮、取暖、照明，其煙氣還可驅蚊、驅蟲、驅鼠，為吊架或閣樓上的糧食、醃制品防霉，為建築竹木構件和屋頂草排防腐，所以在西南少數民族居室中一直是必不可少的設備。火鋪是古代蓆居遺制，至今尚在西南一些少數民族居室中沿用。土家火鋪雖不普遍，但也多見，火坑則家家有之。自雍正『改土歸流』以後，禁住火鋪，父母、子媳須分開。現存火鋪除特殊場合來客衆多臨時開鋪之外，不再供全家日常睡臥。盡管如此，火鋪至今也還是土家人的生活和趣味中心，圍火而坐，飲茶，抽煙，待客，『擺古』，火光煙氣，仍然熏染著民族的舊夢。

武陵地形閉塞，土家民風樸厚，相當完整地保存著巴人建築的古貌。巴人憑依文化上的中介地位，既因襲西南各族的干闌，又吸收中原各族的井院，構成井院式吊腳樓的獨特體系。巴文化是楚文化的基礎，巴建築也是楚建築的根株。在以楚人為領導階層的漢朝開國之後，楚建築又是漢建築的楷模。所以土家建築常常更多地表現得是中國建築之源而不僅僅是流。

土家井院式吊腳樓民居是源頭活水，一旦流入市鎮，立即適應商業化的要求。由於市鎮建築密集，防火問題突出，土家人毫不猶豫地引進了馬頭牆。於同一座建築上，吊腳樓與馬頭牆結合得融洽無間，土家地區多有佳例。這種不同建築體系的結合，只有西藏寺院的『召』式建築之運用西藏碉樓和官式建築之結合，可與土家族之運用吊腳樓和馬頭牆之結合互相媲美。（張良皋）

十　彝族民居

彝族族源與古羌人有關，兩千年前雲南、四川已有彝族先民。現總人口六百五十七萬餘人，分佈在雲、貴、川、桂等地。雲南境內有四百零五萬餘人，是全省少數民族中人口最多的一個民族，絕大部分縣裏都有彝族分佈，而以楚雄彝族自治州、紅河哈尼族彝族自治州和哀牢山區、滇西北小涼山一帶比較集中。很早就有文字，稱『爨文』，現稱『彝文』。語言屬漢藏語系藏緬語族彝語支。一九四九年前彝族大部份地區社會已進入封建地主經濟，少數地區還殘存著封建領主制和奴隸佔有制經濟。

彝族主要信仰原始宗教和祖先崇拜。一夫一妻制家庭，兒子婚後便與父母分居，幼子與父母同住。彝族文化發達，很早就有了完備的歷法，豐富的典籍，雲南晉寧石寨山遺址是彝族文化的早期遺存，先民建立的南詔國，曾一度是雲南地區的文化中心。

彝族多居住在海拔兩千米左右的山區或半山區。善種梯田，尤以滇南紅河兩岸，自山腳至山巔層層梯田直連雲天，蔚為壯觀。畜牧業、礦藏、水力、森林等資源豐富。

分散各地的彝族，由於經濟發展和自然環境不同，住房形式多樣。滇南哀牢山區、元江河谷一帶住房是泥土平頂的土掌房，昆明附近縣區，則為『一顆印』。

雲南彝族『土掌房』是夯土（土坯）牆，密檁上鋪柴草，填土拍平為頂的房屋的俗稱。村寨坐落於較平緩的向陽山坡上，或山間壩子邊的坡地上，背倚林木繁茂的山巒，面對水平如鏡的梯田。村內房屋密集，順山勢修建，由低而高，各户的平屋頂層層疊疊，鱗次櫛比，成梯級景觀，韻律優美，有的高低錯落，水平展開，造型又有現代建築韻味。青山，梯田，平頂『土掌房』是彝族村寨的獨特風光。

村內街巷自然形成，道路蜿蜒曲折，奇特的是，在平屋頂上可自由或輔以木梯走親串户，成為『土掌房』村寨獨特的空中通道。

房屋由正房、廂房組成小院落，有的將內院上空也建了屋頂和局部通風採光的氣樓，形成共享空間，並避免了烈日照射，獲得陰涼的小氣候。正房兩層，底層住人，樓層存糧，廂房一層，為廚房及雜用，適應地形修建的房屋可多達三四層。由正房二層到一層房屋的平頂上曬糧，甚是方便。

土掌房室內冬暖夏涼。平屋頂在生產生活中具極重要的實用價值：是農作物的曬場，地位高爽，可免遭雞蟲啄食；晾曬糧食瓜果不會霉爛；又是家庭日常生活處；老人喜在這裏吸煙養神，納涼聊天，婦女們喜在這裏刺繡談心。房屋外觀，高低錯落，比例恰當，尺度宜人，頗有現代小住宅的韻味。土牆土頂，不加粉飾，鄉土味濃，儼然一首凝固的泥土的贊歌。

彝族的『一顆印』住房，是隨所處自然環境、地形地貌、四季如春等因素的產物。平面近方形，酷似印章而得名。

村寨常位於向陽的山麓，房屋較密集，朝向一致，佈局不拘一格，順山勢單幢或連排修建，自然形成高低錯落的面貌，綠樹蔥鬱，環境幽靜，景色秀麗。

房屋由正房、廂房、門廊組成四合院，佈局十分緊湊。正房三間，底層堂屋居中，常為敞廳，端間雜用，樓上住人，前設單層廊成重簷。廂房底層一為廚房，一為雜用，樓層存糧，為吊廈式。正房屋頂稍高，雙坡硬山式。廂房屋頂為不對稱的硬山式，分長短坡，長坡向內，短坡向外。門廊單層較高，亦分長短坡，長坡向內。奇特的屋頂形式造成具有內聚力的形象。外牆甚高，體形方正，外觀別具一格。大門設於門廊正中，磚砌門柱，上建瓦頂，屋簷兩端上翹，裝修簡潔，在大片黃色牆面陪襯下，形象突出。外牆開窗小而少，建築風格簡樸素雅。

民居平面佔地小，適宜山地修建；牆身高利於防風防盜；院子小可採光防寒；四方有廊檐，方便雨季行走，又起著擴大院子空間的效果；院內地坪滿鋪石塊，易於排水和清潔；四方屋頂均不同高相接，而是巧妙的相互上下穿插，不設瓦溝，防止了易漏雨之弊；這些特點既適應地區自然條件，又符合農家生產生活的需要。從適用中產生了人所共識的樸實的藝術美。

民居重內院景觀，重檐、吊廈、廈廊的樑枋、雀替、垂柱等，分別作繁簡不同的裝修，有的堂屋還安裝六扇雕花格子門，裝修適度優美。有的還在院中種植花卉，綠色美景更增添了家庭生活樂趣。（王翠蘭）

十一　哈尼族民居

哈尼族源於古代青藏高原的氐羌族。現有人口一百二十五萬餘人。主要分佈在哀牢山區、元江、紅河、元陽、金平等縣。語言屬漢藏語系藏緬語族彝語支，無文字。信奉萬物有靈和多神崇拜。一九四九年前，大部分地區處於封建領主經濟，或向地主經濟過渡階段。

哈尼族多居住在海拔一千三百米至一千七百米的山腰，年平均氣温攝氏十七度左右，雨量充沛，日照充足，山有多高，水有多高，在紅河兩岸創造了『梯田稻作文化』。主要出産稻穀、玉米、豆類、茶、紫膠，礦産、林木資源豐富。

村寨位於山腰（或半山區），認為唯有山腰氣候温和是最佳的居住區。村寨規模小則數十户，多達上百户，如紅河州金平縣境內哈尼田村達三百餘户。有比較統一的建築群體風格。村寨背山向陽，叢林密佈，清泉流淌，山路崎嶇，別有一番風趣。

哈尼寨有不同形式的簡潔的寨門，分別設於東、南、西、北四方，也有僅設於兩個方向的。每寨有一顆古老而茂密的神樹，位於村落的最高處，或村落的一側。都有一個面積較大的場地，為全村人晾曬、納涼、休息、集會、交流的場所。整個村落房屋佈置稠密，朝向一致，遠眺猶如一群群破土待放的蘑菇，因此，對哈尼族民居，也俗稱為『蘑菇房』。

居住在哀牢山墨江縣和紅河縣一帶的哈尼族住房為草頂和土掌房組合類型，較多地保存著父系大家族的特點。住房的房頭朝東，正房面北，以表示對哈尼族祖先發祥地的崇敬。平面由正房、廊和廂房組成三合院，房屋為一層或二層，廊為一層，位於正房前，相當於正房的前廳。正房底層中央大間為堂屋，東面一間是家長居室，設有祭祖處，西面一間為大兒子一家住，樓層存糧。草頂下二層頂處還做一層泥土平頂，上放糧和雜物或住人，稱為『封火房』。廂房一層為泥土平頂的土掌房。

紅河縣哈尼族正房一般做三層，下層關養牲畜和堆放農具雜物等，二層住人，三層存放穀米、瓜豆，並利用屋頂空間（稱『封火樓』）住未婚子女，或堆稻草等物。

金平縣哈尼族房屋為土木結構樓房，四坡水、脊短坡長稱『蘑菇房』。房屋窗小，陽光不易射入，光線差。室內有火塘可避潮。有的室內用木板搭一火鋪，專供年長男子和貴客住。底層兩邊隔成小間，一為卧室，一為廚房並設樓梯上下交通之用，樓層為子女居住和存糧貯物，有的廚房另建偏廈。

哈尼族民居隨所處地形和自然環境而異，蘑菇房的規模也不同，如地勢坡度大，採用部份土掌房屋頂以解決曬場問題，這就是蘑菇房與土掌房相結合的形式。

哈尼族民居蘑菇房獨具特色，給人以親切、敦厚、簡樸的印象，具有粗獷自然之美。

（石孝測）

十二　羌族民居

羌族是一個歷史悠久的古老民族，分佈廣泛，支系繁多。古代羌族聚居在我國西部地區現甘肅、青海一帶，是大西北最早的開發者之一。春秋戰國時期，秦獻公時，羌人大批向西南遷徙，在遷徙中或被其他民族同化，或與當地土著結合。其中一支部落遷徙到了岷江上游定居，發展成為今日這支擁有約二十萬人口的古老羌族的嫡裔。

遠古的羌人早於其他民族進行農耕、畜牧生產，為我國遠古文明的成長與發展奠定了堅實的物質基礎，為培育後起的偉大的華夏文化做出了重要貢獻。羌語屬漢藏語系羌語支系，無文字，長期通用漢文。有豐富的口頭文學，民間歌舞，羌笛等樂器。

羌族的傳統民居、宅第建築群落是民族傳統文化的載體，從物質和精神兩個方面體現了傳統文化的特徵。主要有以下四方面：

得天獨厚的生態環境

羌族聚居的岷江上游地區，覆蓋四川省西北部的汶川、茂、理、黑水、松潘、丹巴和北川等七個縣，自然環境極其幽美，這裏山高谷深，林密水急，白雪紅花，風貌獨特。羌鄉的山寨大都是沿著匯入岷江的一條條山溝向上伸展的，山谷之間高差達兩千至三千米，温差也較大，年平均氣温為攝氏十一點五度至十二點八度，雨量少、日照強，盛產玉米、青稞，『雪山大豆』，名貴藥材與珍稀動物，境內現已闢有『熊貓保護區』。民居聚落多位於高山頂或半山坡臺地上，一般由三五十戶依山傍水組建成寨。民居建筑就地取材，以木、石為主，片石疊牆，木構樑柱，平泥屋頂，小窗、木門，房屋順地形地勢而築，戶與戶錯落相接，寨中通道，猶如在石堆中衝盪的一股股激流。寨中多設有引水渠道，渠口設『飛沙堰』分水，寨後有樹林襯托，寨前或有懸吊索橋橫跨溪谷，或利用溪中自然堆疊的石塊越步而過，充分展現了羌族富有的水文化、疊石文化、繩文化以及寨民的聰明才智和創造力。

樸實、多彩的民俗風情

羌族民居的平面佈置與空間安排反映了羌人的父系個體家庭、觀念，也反映了羌人多年沿襲下來的生活習俗和敦厚樸實、熱情好客的山民性格。羌族民居一般都結合山坡地形佈置了三個層次的空間，功能明確，完全順應生產、居住的客觀規律。如一層多闢為羊圈或倉庫，作居住用的二層，正中佈置堂屋（起居室）圍繞堂屋佈置臥室和廚房，堂屋內設火塘、神龕，是全家起居活動的中心，羌族人質樸好客，講求婚喪禮儀，對賓客表示歡迎和感謝的載歌載舞的喜慶聯歡活動，就在堂屋內圍繞火塘進行，賓主共飲酒，高歌祝福，形成高潮，為適應這種功能，堂屋不僅面積較大，層高也高，一般都在三米以上。這種高大的空間利於排放火塘上空的煙氣，在堂屋頂部還開了一、二個約四十厘米見方的天窗，既利於採光又解決了通風排氣問題，屋頂下還可懸掛肉食以利煙氣燻制臘肉。較大的堂屋層高也給週圍的臥室創造了利用空間作儲藏閣櫃的條件，櫃的淨高一般都在一米左右。以上關於居室平面和空間的處理都是羌人經過長期的實踐不斷總結出來的生活藝術。民居的第三層亦即屋頂層的多功能安排就更有意思了。每戶民居的屋頂後部都昇起一列敞廊，叫做『罩房』（或『照樓』），廊內有二層居室通到屋頂的樓梯口，罩房的主要功能是存放糧食、農具和雜物，罩房前是多用途的平屋頂，可供休息、娛樂、曬糧食或進行鐵木加工及紡織挑繡等手工藝勞動。這個根據不同地形地勢將多戶房屋連靠在一起，鱗次櫛比，形成不同標高的組合屋頂，是羌族民居聚落的一大特點。屋頂之間搭鋸齒形獨木或雙木梯上下。這個洋溢著歡樂氣氛的『空中走廊』，既是鄰里之間交往空間，也是鄰里共享的團結空間。當山寨遭到外敵侵擾時又成為共同防禦的『空中堡壘』。在和平、豐收季節，晾曬在屋頂上特別是女兒牆上的金黃色玉米和鮮紅的辣椒構成的一幅幅絢麗多彩的大面積圖畫，充分渲染著這個古老民族的熱情、開放的個性。因成組建房而形成民居聚落不規則分佈的房與房之間曲折迂迴的巷道（其上或有住房連通或搭木板相連）與插入房群或獨立於寨口對外具有威攝力、對內具有凝聚力的石砌碉樓，共同形成了全寨的安全防衛系統。在造型上是羌族石築藝術的瑰寶，是建築與自然環境同構、共生的典型，是羌族人民智慧的結晶，是羌族悠久歷史的見証。充分証明羌族民居體現了羌族樸實、親切的鄉土風情，是一部讀不完的『石頭的史書』。

自然崇拜的宗教信仰

一九四九年前，羌族的宗教信仰主要還是『萬物有靈』的原始自然崇拜。稱『釋比』的巫師，是傳授羌族多種文化的領頭人，民間一些代表性的拜神、祭祀活動均由他主持。羌族民居作為宗教信仰活動的神聖場所，至今還保留著明顯的標誌，如羌族崇拜天神、地神、山神、山神娘和樹神，於是在民居平屋頂『罩房』頂的女兒牆正中就供著五塊白色的石英石象徵五神；在羌族的居住環境中無論是山林、土地、室內、室外以及窗楣、牆面屋頂上都有代表神靈所在的白石出現。和拜神活動并重的驅鬼活動也請『釋比』主持，另外，在房門前豎立石刻的『吞』神或在門上貼門神以及房間門不正對大門等也有驅鬼、避鬼之意。房屋的大門不能朝東，則有免與太陽神鬥之意。總之，羌人崇拜自然界中一切無法解釋其來由的事物，其崇拜對象主要是自然崇拜的天地諸神、圖騰崇拜的社神、祖先崇拜的家神和技藝崇拜的工藝之神。在民居的堂屋的正中設神龕供奉家神，拜謁祭祀活動即在神龕下圍聚火塘進行，形成居住空間的幾何中心、構圖中心和精神中心。受漢族的影響，漢族家庭供奉的『天地君親師』神位，也開始進入羌族人的堂屋，相應地豐富了民居堂屋的文化內涵。

靈巧精湛的生產技藝

以挑花、刺繡及鐵石加工為代表的羌族民間工藝美術，技法精巧，造型優美，內容多含吉祥如意及對生活的憧憬和希望，在民居建築的室內外裝修上還有精雕細刻的表現，其圖案繁簡不一，一般從簡，過繁則多半來自外來民族文化的影響。在農業生產上羌族人利用地形造梯田、修水渠，還長於利用鐵索木材架搭吊橋，這些精湛的技術都體現了傳統的石文化、水文化與繩文化的綜合發展。（黃元浦）

十三　布依族民居

布依族是一個古老的本土民族，先民古代泛稱『僚』。人口二千五百四十五萬餘人，主要分佈在貴州南部、西南部和中部地區，在四川、雲南也有少數人散居。他們歷代在雲貴高原東部生息繁衍，并創造了自己獨特的生活方式和居住文化。布依族為一夫一妻制父系家庭，信仰多神和自然崇拜。語言屬於漢藏語系壯侗語族壯傣語支，有三個土語區。曾創作了豐富多彩的口頭文學、歌舞戲劇和蠟染工藝品。布依族地區大部屬温帶，雨量充沛，山青水秀，盛産水稻、玉米、烤煙等農作物；松、杉等木材和煤、銅等礦産。

布依族石建築居住形態的形成，與其山區地理環境的地域特徵密切相關：

獨特的高原地貌　素有『地無三尺平』之稱的貴州，地貌形態以山地和部分丘陵為主，間插不多的山間盆地與河谷臺地。這裏地形起伏，高差突變，溝谷縱横、巖溶強烈發育，構成了奇特的巖溶化高原地貌。百畝以上的壩子僅占百分之二點四，其余均為崎嶇不平的山地。

村寨依山傍水，建築高低參差、富有變化。塊石和石片壘築的牆體、薄片石板屋面，體形簡樸，色彩明快。週圍巍巍群山，沉積巖紋理鮮明，構成異常優美動人的景觀。突出地體現出地理環境作用於建築文化的結果。

奇異的貴州石材　山多石頭多，貴州石材以水成巖（石灰巖、白雲質灰巖）為主，屬可溶性碳酸鹽類巖石。具有三個特點：巖層外露；材質硬度適中；節理裂隙分層。為開發利用提供了極為有利的條件，由於工具損耗少，加工成品率高，因此在這一帶山區的民間廣泛用於石構建築。巖石厚度各不相同，有一點五厘米至三厘米厚的片石，也有五十厘米至六十厘米厚的塊石。片石當地又稱『合棚石』，可以開採切割成不同形狀和大小的規格，有三百厘米乘一百二十厘米作隔牆板使用，也有五十厘米見方作鋪地使用，在民間更廣泛地被用於屋面鋪裝。利用片石疊砌的牆體，有自然粗獷之野趣。塊石按不同疊砌方式又分為亂毛石、平毛石、方整石數種。外貌自然樸實而富於變化。

地域文化的傳承

地域文化往往由於受固有民族文化傳統和所處社會環境及自然條件的雙重制約，使生活模式和社會形態帶有鮮明的地方性。布依族巖石建築，不僅形成了一支數量雄厚、技藝高超的石工隊伍，而且形成了適合於當地氣候條件，居民需要和具有地方民族特色的巖石建築風格。它是布依族人民長期向巖石挑戰的結果，也是帶有幾分類似民歌特色的民間建築藝術。

布依族村寨的群體特徵

一、依山就勢，高低參差，充分發揮豎向組合特點。二、村寨建築沿等高線走向自由佈局。三、群體輪廓層次豐富，正側交錯。四、村寨環境自然粗獷，體現山地建築環境風貌。

利用地形高差，根據不同使用功能要求，建築群體基本上沿等高線進行佈置，村寨內常常沿山環狀佈置道路，每隔數家，又垂直等高線砌築石步階或利用天然巖石石級使上下貫通，在道路交叉處有些還留有較大的開敞空間。遠眺山寨，可見到各單體建築因地形高差而展現出的不同層次和高低輪廓，隨等高線走向而產生的正側交錯、疏密相間的屋面、山牆；其間穿插有曲折的小路、高低的坡坎；在鬱鬱蔥蔥的古樹翠竹中，淺灰土紅色石頭牆、灰白色石板瓦、……相互輝映，構成了一幅具有濃厚鄉土氣息的樸實自然景象。

單體特徵

民居的單體特徵是利用地形高差、由下而上依次做牲畜空間、居住空間、貯藏空間的豎向空間佈局，是這一帶民居最基本、最普遍的單體格局。平面大多為一正兩廂三開間。明廳地坪稍稍擡高，作為户內的生活起居空間，前間堂屋、後間烤火雜用，兩廂一般也各分前後二間，前間下部多利用山坡地形高差，將該填方的空間不填而作為牲畜空間，前間上部地面擡高并作卧室使用。兩廂後間分別為卧室和廚房。廂房均設置閣樓作為貯藏空間使用。

構架　采用立貼式步架木構體系，立柱用料不大，柱徑均在二十厘米以下，立於石塊上以防潮。

屋面　廣泛使用合棚石屋面。一般將一點五厘米至三厘米厚的片石，擱置於繞有草繩的木椽子上，上下片石彼此搭接長度為五厘米左右。片石規格有加工成五十厘米左右見方的規整方形，呈菱形排列，也有採用未加工的自然石片。屋脊構造常採用半坡突出的方式，簡單易行。

牆體　用普通石塊，或用較薄的片石砌築。石塊在平面上一般採取三角形錯位咬接的構造方式，也有交接面鑿平砌築。片石牆的用料厚薄不等，一般在二厘米至十厘米左右。當片石的上下面平整時，牆體的水平縫很細。不用砂漿直接疊砌的片石牆凹凸不平，外形樸素輕巧，給人自然、粗獷的感覺。在某些地區將大塊的合棚石嵌入木構架內作牆壁鑲板。

窗洞　多偏小，洞頂做成尖拱、圓拱、平拱等不同形式，洞口有單個的也有並列的。

地面　在巖石產區多採用片石地坪，不起灰，使用年限越久越光滑。

裝飾　在山牆挑簷處，做一些象徵吉祥之意的龍口雕鑿，其他裝飾線腳紋樣極少，整個建築樸實敦厚。

巖石的採築方法：採石是以人工開鑿為主，多就地、就近取石。建築用石多取自屋基範圍內的山坡巖層。既可以擴大基地空間，還能利用開鑿的一壁山巖當作牆體使用。開採出的同層石料厚度相等，上下面平整，從而創造出『層趕層』——開採一層石料，砌築一皮或幾皮牆體——採、築同步的施工方法。使砌築的同一皮厚度保持相等，水平縫自然平直，紋理色澤協調一致。

布依族人民在巖石利用方面積累了豐富的經驗，不但把它作為承重構件用於房屋的牆柱、基礎、石階等部位，而且也作為抗彎構件，用於門窗過樑、石碑、石板橋等方面。在山區的村落和集鎮，到處都可看到片石屋面和各種石牆，雕鑿有龍口裝飾的山牆挑簷，石門檻、門垛、櫃臺和步階，還能見到用石製的磨、臼、缸、槽、爐等日常生活用具，以及渡槽、水渠和非常罕見的用石柱、石板架空砌成的『樓上田』，宛如一個石頭的王國。在貴州安順、鎮寧一帶的祠廟、牌坊，還能見到一些挺拔秀麗、雕鑿有魚、龍、荷花等生動圖案的圖騰柱或經過細緻加工的石樑。布依族民居具有濃厚的民族色彩和鄉土氣息，真是一部石頭的史書。（羅德啟）

十四　白族民居

白族現有人口一百六十餘萬人，雲南省占百分之八十四。主要聚居在大理白族自治州。語言屬漢藏語系藏緬語族。白族在歷史發展過程中，由大理地區的古代土著居民融合了多種民族，包括西北南下的氐羌人；歷代不斷移居大理地區的漢族和其他民族等；在宋代大理國時期形成了穩定的白族共同體。明清時大理地區經濟文化的發展與中原漢族地區已趨一致。至一九四九年前已成為地主經濟兼有一定的資本主義成份了。白族為一夫一妻小家庭制。信仰佛教，主要崇拜『本主』。

白族聚居地位於雲貴高原西部，境內江河縱橫，群山矗立，中部蒼山環抱洱海，景色綺麗，是著名的風景區。大部份地區氣候溫和，雨量充沛，是雲南主要產糧區之一，礦產、森林等資源豐富，大理石早已享有盛名。下關風大是有名的『風城』。

唐宋南詔、大理國時積極吸取中原先進的文化與本土文化相融和，創造了燦爛輝煌的民族文化。學習漢文化之風日盛，人才輩出，文、史、誌文獻成就卓著，因而大理贏得『文獻名邦』的美譽。州府大理現是國家歷史文化名城和風景名勝區之一。國家重點文物保護單位崇聖寺三塔和劍川石窟是白族人民建築技術和藝術的結晶。民居建築頗有聲望，影響著週圍其他民族。

村鎮在蒼山洱海間綠色田野中星羅棋佈。枝葉茂密的大青樹和矗立村口的照壁是村鎮醒目的標誌；稱『風水樹』的大青樹是村鎮興旺繁榮的象徵，倍加愛護。照壁是風水民俗『關鎖財富，藏風得水』的保障，從而形成了村口一景，掩映著大片鱗次櫛比、粉牆黛瓦的民居。村中有廣場，是集會娛樂和日常貿易的場所。頗有地方特色的本主廟，供奉保護本境之神。引入蒼山清洌的泉水，穿街繞巷，流經家家門前，方便洗物，故有『家家流水，户户養花』的美譽。

民居為四合院形制，結合本土具體情況，具有民族、地方特色。平面用二至四坊（一幢三開間兩層的房屋稱一坊）組成二至四合院等形式。其中稱『三坊一照壁』形式的是由三坊房屋分別為正房、廂房和位於正房對面的照壁組成，主次分明，可滿足長幼居住有序的禮制要求。照壁造型優美，裝飾典雅，壁前種植奇花異卉，四季飄香，組成一個靜謐舒適、氣氛高雅的庭院，頗受群衆喜愛。

民居土牆，木構架承重，上覆硬山式筒板瓦頂，下層住人，上層存物。建築風格秀麗雅致，體現著民族的審美心理和精神境界。房屋因功能不同，凸出凹進，高低起伏；木構架有生起（稱起水），屋頂成柔美曲線；防火防風的封火牆，美化成鞍形、半八角形等多種形態；組成輪廓豐富、輕盈優美的外貌。進行美化裝飾，增加藝術效果，又加強牆的防蝕能力，外牆的山尖和牆面有用不同形狀的薄磚貼砌幾何圖案，多種多樣；有内容寓意吉祥幸福的大型粉塑山花，形象生動。其下牆面建小屋簷（稱腰帶廈），將雨水引流牆外，減少對牆面的衝刷，又在簷下粉帶形裝飾，分格描繪花鳥山水，增光添彩。下為白色牆面和條石勒腳，整體形象輕盈秀美又穩健勻稱。

裝飾的重點是大門門樓、照壁和内院。大門門樓以有廈式造型最為精美，為三滴水式，中部寬高，兩邊窄低，廡殿式屋頂，翼角高翹，形態飄逸。最為華麗者簷下架設小斗栱，左右配以斜栱，栱、翹、昇等雕成龍、鳳、象、草、八寶蓮花，千姿百態。下為透雕花枋，玲瓏剔透。兩側翼牆頂磚雕或彩塑圖像、花卉，下為條石勒腳，裝飾得琳瑯滿目，美不勝收。

照壁其實是院中一段圍牆，垂直分為三段，中段寬高，兩邊窄低，廡殿屋頂，翼角輕盈如飛，屋頂凹曲柔美，頗富飄逸的動態感。簷下排列斗栱或掛枋，疏密適度。聯額及邊框劃分框格，内塑山水風景或飾風景大理石或題詩文。壁面正中為一塊圖形精美意境極佳的大理石，起畫龍點睛作用；或直排四塊方形白色大理石，上刻字貼金，字意吉祥或示家聲，寓意頗深，書法遒勁。其餘壁面全為白色。色調淡雅，形象秀美，裝飾得體，婀娜多姿，是院內景觀的焦點。

內院是家庭生活的中心，除秀麗的照壁外，其余三方房屋均有寬大的廊子，是家人日常活動處，也常為親友逗留之地。廊簷、樑枋、雀替等木作是內院裝修的重點，均精雕細刻，尤以正房堂屋的六扇格子門是待客必經之途，給予最大的關注，用最為精美的多層透雕，內容為意喻喜慶福壽圖案，各層圖案前後穿插，玲瓏剔透。外施彩漆貼金者，更顯得富麗堂皇，光彩奪目。廊端牆面裝飾稱圍屏，中心亦為一塊天然美景大理石，并在適當部位題詩詞佳句，供近景觀摩，欣賞詩情畫意。

內院陽光充沛，種植奇花異草，已成民風，尤喜種山茶，有『雲南山茶甲天下，大理山茶冠雲南』的美稱。每年朝花節時，各家將花陳列門前，共同觀摩欣賞，真是香風滿道，表現了白族人民喜愛花卉豐富精神生活的情趣。

白族民居建築重視藝術美，做到適用與藝術結合，具有民族、地方特色，體現了人民的審美心理和情趣。常在景中題寫詩文，以表達『文獻名邦』的儒雅風尚，是白族民居建築藝術的獨特風格。（王翠蘭）

十五　納西族民居

納西族現有人口二十七萬八千餘人，主要分佈在滇、川、藏交界的橫斷山脈地區，居住在雲南境內的有二十六萬六千人，其中百分之七十在麗江納西族自治縣。中甸、維西、寧蒗等縣也有分佈。

麗江，一個神奇的地方，位於滇西北橫斷山脈縱谷地帶東部，山區和山地占百分之九十以上。金沙江流經縣境東西北三面，水系控制全區面積的百分之九十八，其中虎跳峽全長十七公里，落差二百一十多米，兩面是壁立江面高達六百多米的懸崖，置身峽內，驚濤裂岸，令人驚心動魄。玉龍雪山屹立城北，是北緯最南端的現代冰川，海拔五千五百九十六米，終年白雪皚皚，譽為『植物寶庫』。麗江壩四季溫涼，長春無夏，山川秀麗，物產富饒。

納西族歷史文化悠久，淵源於南遷的古氐羌人。元明到清初，納西族加強了與中原地區的聯係。清代改土歸流後，納西族接受漢文化的步伐加快，當時僅有數萬人口的納西族，就有詩文傳世者五十多人。一九四九年除雲南寧蒗、維西、中甸程度不同地保留封建領主制外，其餘地區均處於封建地主經濟階段。宗教信仰方面，麗江為佛、道、東巴教兼容，並不篤信，永寧信仰藏傳佛教。除寧蒗納西族支系摩梭人保留母系家庭，實行走婚外，麗江為一夫一妻制父系家庭。

納西族語言屬漢藏語系藏緬語族彝語支。納西先民創造的東巴文，是世界上唯一尚存的象形文字。東巴經書是一筆珍貴的文化遺產。東巴係納西語，意為誦經者、智者。

滔滔金沙江的靈氣，巍巍玉龍山的神韻，孕育納西族創造了燦爛的民族文化。特別是納西人和納西支系摩梭人保留了不少原始古樸純正的古歌、古樂、古舞和古民族傳統。也創造了適應地理環境，物質文化生活的頗具特色的納西族民居建築，是一份寶貴的民居建築遺產。

麗江古城大研鎮，佔地一點五平方公里，地靈人傑，文化發達，名士如流。歷史上是通往西藏、印度茶馬大道的重鎮。四方街，是納西人經濟文化的中心。麗江古城是納西民居最為集中、保存最為完整、內容豐富的集聚地，是中國的歷史文化名城，還被聯合國教科文組織批准為世界文化遺產。

匠心獨運的總體佈局

納西族人民多數居住壩區或半山區，平均海拔二千米左右，環境幽靜，交通方便，雨量充沛。村落較為集中，少則幾十户人家，多者達上千户。麗江古城大研鎮，在總體佈局中，為減少佔地，利用地形，户與户之間的間距較小。除道路、河流外，廣場空地較少，花木均沿道路、河流、村旁種植。各家各户自組有序院落，一門關盡。院落較大，樹木、假山、花草的佈置，創造了一個優美、恬靜、宜於休憩的小環境。另一個特點是村村寨寨都設有一個中心，即留出一塊場地，當地人稱為『四方街』，是全村人集會、文娛、交流、商貿的場所。麗江還廣為流傳一句諺語：『麗都無處不飛花，家家户户有水流』，反映了總體佈局中的又一特點。村鎮中有幾條水道，從玉龍雪山流下的黑白水，清澈晶瑩，環街穿巷，涓涓流淌。有的人家將水引入庭園，供灌溉、飲用，還調節了小氣候。大研鎮北倚象山、金虹山，西枕獅子山、黃山，擋住冬季從西北來的寒潮，選址適當。故麗江古城享有『夏不酷熱，冬不嚴寒』的美譽。

多姿多彩的平面佈置

無論是納西族或迄今還保留有原始母系家庭色彩的永寧納西族支系——摩梭人，其住房仍然是由幾個基本部份組成：正房、附樓、照壁、門樓。而正房是户的主體，為居住、活動的中心，在佈局上背山向陽，朝向好，構圖軸線明顯。正房一般為三開間組成，正中開間較兩側為大，稱為堂屋，為主人待客，休息的地方，設有做工講究的六扇格子門。正房兩側為主人臥室，前有廈子（外廊），寬敞、明亮，供就餐、休息、手工作坊之用。附樓多用作畜廄、倉儲，摩梭人將門樓上作為成年女子臥室。納西民居由於地形地貌，經濟條件，人口構成等因素的影響，構成了形式各異的平面佈局，主要分為『一坊房』即一字形、『二坊房』即曲尺形、『三坊一照壁』、『四合同』、『兩重院』、『三重院』等，都均以房屋與照壁或門樓、圍牆組成尺寸不同、大小不等的封閉式的院落。尤以『三坊一照壁』形式最多，體現了中等人家生活水平。在近些年來發展的新民居中，除仍然保持了上述的特點外，只是在內院佔地面積，結構形式，採光通風、建築標準等方面更經濟適用了。有的民居另建畜廄，做到人畜分開，廚房與臥室分開，使之平面佈局更趨合理，使用功能日趨完善，規範。

巧奪天工的外觀及裝飾

納西民居的顯著特色，在外觀上造型上別具一格。略有收分的毛石或夯土外牆，簷下四週的木壁與木窗，懸山屋頂的深遠出簷，寬厚的博風板以及象徵吉祥如意的懸魚，使得整個外觀比例協調，虛實對比恰當，裝修細部和諧，給人以輕盈、飄逸、高雅、樸實之感。

納西民居中十分重視裝飾及細部的處理，在裝修、構造上注意美觀。雕有各種花鳥圖案的格子門為多層透空木雕，更顯民間匠人的高超技藝，雕樑畫棟達到了結構與藝術的統一。形形色色圖案優美的窗格、平頂、欄桿、雀替以及種種木雕懸魚，卵石和磚瓦鑲花的各種圖案的地坪尤具藝術魅力，表現了納西人民的勤勞和智慧。納西民居的總體、平面、造型、細部等的處理是我國民居寶庫中的一分珍貴遺產。（石孝測）

十六　瑤族民居

瑤族是一個古老的民族，為蚩尤九黎集團、秦漢武陵蠻長沙蠻的後裔，南北朝的『莫瑤』是史籍中對瑤族最早的稱謂。自從華夏族入主中原後，瑤族翻山越嶺南下，與湘江、資江、沅江及洞庭湖地區的土著民族融和而成的當今民族。瑤族語言均屬漢藏語系，內部分為四個支系，一是盤瑤，自稱『勉』，其語言屬苗瑤語族瑤語支，佔全國瑤族總人口的百分之七十左右；二是佈努瑤，自稱『佈努』，没有文字，語言屬苗瑤語族苗語支；三是茶山瑤，自稱『拉珈』，其語言屬於壯侗語族侗水語支；四是『炳多優』支系，語言近漢語。瑤族有二百一十三萬多人，大分散，小集中，居住在桂、粵、湘、滇、黔、贛等省區。

一九四九年以前，瑤族社會經濟發展極不平衡，社會組織有的實行『瑤老制』，是一種原始長老民主制的遺留。經濟上有的屬封建領主經濟，瑤族多數淪為他族土司、地主的佃農；在廣西金秀大瑤山等地已進入封建社會，實行『石牌制』，是已有一定法律與組織機構的原始民主政治組織形式，『律規』由人民群衆民主議定，刻製在石牌上，人人都需嚴格執行，社會治安較好。但由於歷代統治者施行『以夷治夷』的政策，利用瑤族內部矛盾，使石牌制度原始民主特性逐步消失。

瑤族宗教信仰是『萬物有靈』，受道教影響較深，又有不少原始宗教巫術的殘留，以致瑤族地區廟宇林立，村寨神祇衆多，瑤民有保護森林的習俗，信仰森林是神樹，不能砍，刀耕火種之後要植樹還林。

瑤族聚居地區，多處於亞熱帶丘陵山區，除桂西北局部地區少雨外，其他地區大多氣候温和多雨，海拔一千米至一千五百米，山巒重疊，溪河密佈，登高遠眺，但見青峰隱現，浮雲縹緲，碧水溪畔，綠樹叢中隱藏瑤家宅寨，好一派充滿詩情畫意的山間庭園風光。

瑤族是一個居不離山的民族，絶大多數為自然村寨，具有大分散、小集中的分佈特點，一般由幾户至幾十户聚居成村。村寨佈局依山就勢，因地制宜，背風向陽，靠山面水，村內道路曲折蜿蜒，建築佈局較自由靈活，不拘一格，村路巷道以卵石、石板、砂土鋪設；較為集中的村寨在入口處設村門。村寨佈局歸納起來有三種：一為沿溪流邊、山坡下佈置；二為山谷中沿水塘、山腳坡地等高線排列；三為屹立山腰、山脊陡坡之上，因而，有的瑤居是半邊樓。

瑤族民居類型概括起來有三種：

竹筒式 房屋依山而建，單開間，逐步昇高，進深二十米以上。從正門依次往內佈置畜欄、草房、廳堂、臥室、穀倉、火塘間、廚房。廳堂、火塘間較大，臥室全部在樓上，廁所另設屋後，牆上不開窗，在屋面安置亮瓦採光、廚房頂上設氣樓排油煙通風。

大廳式 多為平房，偶爾有樓房，一般為五開間，以廳堂為中心，兩側為作坊、火塘間，後側排列臥室、廚房，用木板分隔；穀倉、庫房在廳堂兩側閣樓上，廳堂正中閣樓設神龕。畜欄、廁所均設於宅外，較為衛生。

橫列式 多為樓房，也有三開間或五開間，廳堂最大居中，正中設神臺，左右兩側為臥室；二樓大部份設臥室，少部份在樓頂上架閣樓用作堆放雜物；廚房緊靠臥室；牛欄、豬圈、廁所佈置在室外兩側，既安全又衛生。

瑤族民居造型比例適度，空間尺度恰當宜人，立面渾厚勻稱，虛實對比自然，粗獷有力。建築細部多為因材施用，簡潔素樸，以原色為本，不加油飾，色調清淡淳樸，形成瑤家民居樸實風格。一般來說，正立面多採取以廳堂為中心，軸線對稱，廳堂居中，臥室及其輔助用房設左右。廳堂是生活活動中心，是住宅的主體，因此立面處理上都重點突出，大門佈置當中，凹門廊，大挑簷，作裝飾重點處理；廳堂空間高曠，屋頂多為懸山、硬山頂或加橫披或屋脊當中突起，形成明顯中軸線，使整座住宅簡樸大方。少數有採用不對稱的，把正屋擡高，兩側壓低，形成高低、虛實對比，取其整體平衡與穩定。

在空間處理上，瑤家住宅多建在山腰、山脊陡坡之上，地面有限，為節約用地創造更多空間，按功能需要採用小尺度及佔天不佔地手法，平面多開敞外露，層高按功能分層按需而定，廳堂高大通頂，顯得高雅舒展有氣派，而臥室及輔助用房都為矮小空間，雖層高低了，但無閉塞壓抑感，反而使室內空間自然宜人，創造出親切近人的尺度。（劉彥才）

十七 畲族民居

畲族主要分佈在閩、浙、贛、粵、皖五省八十多個縣市的山區，總人口約六十三萬。其中百分之九十六集中在閩東和浙南。畲族是一個具有悠久歷史的民族，『畲民』這個名稱最早見於南宋，對其族源學術界還有爭論，但史書上已有明確記載，六朝至唐宋畲族的先民已聚居在閩粵贛三省交界的山區，有人認為畲族的發祥地是廣東湖州的鳳凰山，有人考証畲族源於古代河南夷人一支。明清之際他們才陸續遷移到閩東、浙南一帶。

畲族的先民『依山而居、採獵而食』。『畲』字的原意就是開荒闢地刀耕火種。他們為逃避封建徭賦而常常遷移，因此長期保留原始經濟的特點。宋元以來受漢族影響封建經濟纔有所發展。明清時雖定居閩東、浙南，但由於遷來較晚，平原地區已為漢人居住，自然條件好的地方也已墾植，畲民只能開山劈嶺建造田園，在深山窮谷中安家，因此長期生產力水平低下，仍保留著狩獵經濟。

畲族有民族語言，屬漢藏語系苗瑤語族苗語支，而無民族文字，但通曉漢文。雜居各地的畲民都家喻户曉地流傳著虔誠的圖騰崇拜——槃瓠。被畲民奉為始祖的槃瓠傳說，編成了長達三百多行的七言詩句《槃瓠之歌》（高皇歌），成為畲族的『傳宗歌』。還把槃瓠傳説繪成畫像——祖圖，祀奉甚虔，習俗相沿，同時保留著隆重的祭祖活動，以祈求氏族的繁榮，維繫民族的感情。

畲族地區在一九四九年前已進入封建社會，婚姻家庭也普遍實行一夫一妻制。畲族僅有盤、藍、雷、鍾四個姓氏，只能在本民族内通婚已成家規，但又嚴格實行宗族外婚制，同祠堂不婚。畲族的村落大都設有祠堂，同姓同祖屬一個祠堂，設族長主持公共事務及祭祀活動，處理族内糾紛，祠堂下有『房』的組織，同一近親的人為一房，同房人聚居在一起形成自然村。

由於畲族人口較少，又不斷遷徙，歷史上造成了漢畲交錯雜居，使畲族變成了一個大分散、小集中的散居民族，没有形成一個或幾個大的聚居區，而是以自然村的形式分散在叢箐邃穀之中。一個自然村多則數十户少則只有二三户，或週圍可能是漢族的村落，也有漢畲混居的，所以民居形式與漢族没有太大差異，也因此各個地區畲族的民居形式不盡相同。但總體看來，和諧的群體環境，實用的内部空間，樸素的建築形象是其共同的特點。

畲族大部份聚居在層巒疊嶂，荊棘叢生的山嶽地帶，多是交通閉塞的窮鄉僻壤，在這青山幽谷、猿鳥啼叫之地，建造房子只能是依山就勢就地取材。如江西東部、畲民最集中的太源、樟坪兩地，畲族村落均分佈在海拔八百米左右的高山峻嶺之中，當地盛產杉木、松木、毛竹，因此民居用杉木毛竹建造，有些屋蓋也用竹瓦，房子四週竹片圍起。安徽寧國縣畲族最多的雲梯鄉，其聚居地正是安徽浙江交界的天目山麓中的深山峽谷地區。一九四九年前畲民住的全是十分簡陋的草房草棚，直到一九五〇年後才住上瓦房，民居形式與當地漢族民居相同，也是利用地形修築，坐落在山腰或山塢之中。

福建省是全國畲族最集中的省分，畲族人口三十四萬九千人，而閩東的福安市又是畲民最多的地區，全市共五萬八千名畲民散居在福安市各個鄉鎮，其村莊分佈極其分散，多建於半山腰上，由羊腸小道進入，攀石階登臨，遠遠望去最明顯的是風水樹、石臺階，土牆和黑瓦頂。民居聚落靠山向陽，層層疊疊，高低錯落，門樓相望，與山區的環境配合和諧。

福安山區的畲族民居十分簡樸：平面三開間，對稱佈局，明間為廳是祭祖及公共活動的場所，兩側廂房為臥室。地塊稍大的分前後廳、前後房，後天井一側作廚房。住居四週築土牆圍合，時常由於基地所限也作靈活佈局，并添建不對稱的附房。各户前院均設門樓，其朝向視風水而定。民居全部用木穿斗結構，樑柱及板壁均為清水杉木製作，簡樸自然。前廳屏風兩側設神龕，供民間俗神及祖宗牌位。家家户户屏風兩側的木柱上都貼著同一副對聯：『功建前朝帝嚳高辛親勅賜，名傳後裔皇子王孫免差徭。』橫批都是『鳳凰到此』四個大字，以牢記畲族的歷史。

在低山丘陵地區的村落，則平行等高線呈一字形佈置，如羅源縣霍口鄉王廷洋村的民居，平面一字形，五開間，明間正廳佔兩層高的空間，對前埕開敞。更長的有七開間或九開間的。在地勢較為平坦的地區，規模較大的也有圍成三合院或四合院，正房五開間，明間為正廳，次間梢間為臥房，其平面佈局的一個特點是在次梢間之間加一個縱向的直弄，聯係次梢間各個臥房，并正對左右廂房前的檐廊形成宅內縱向的通道。同時在前後廳與前後房之間也設一橫弄，這些內部通道極大地方便了宅內的聯係，這是福建其他地區漢族民居少見的佈局。

福建閩東的畲族民居都樸實無華，重內部的實用而不重外表的華麗，然而閩中永安市的青水鄉則是個例外，其民居外觀變化豐富，內部雕飾華麗，這在畲族民居中是僅有的例子。永安市共有畲民四千多人，都集中在青水鄉，畲民只佔全鄉人口的百分之三十五，這裏素有綠色桃園之美稱，相對富庶，因此，這裏的畲族民居受週圍漢族民居的影響而獨具特色，其合院門屋與正房的屋頂都分三段處理，中段擡高兩側降低，廂房的屋頂也作小疊落處理，各户必設門樓，朝向各不相同，形成富於變化但又對稱的外觀形象。其內部空間十分低矮也是與其他地區民居不同之處。樸實無華的清水杉木構件與雕飾精緻的樑架門窗形成鮮明的對比，構成青水畲族民居的又一特色。（黃漢民）

參考文獻

田曉岫《中華民族》，華夏出版社，一九九一年。

江應梁《中國民族史》，民族出版社，一九九〇年。

尤中《中國西南民族史》，雲南人民出版社，一九八五年。

雲南歷史研究所《雲南少數民族》（修訂本），雲南人民出版社，一九八三年。

貴州民族研究所《貴州少數民族》，貴州民族出版社，一九九一年。

編寫組《壯族簡史》，廣西人民出版社，一九八〇年。

劉孝瑜《土家族》，民族出版社，一九八九年。
黄鈺、黄方平《瑶族》，民族出版社，一九九〇年。
周錫銀、劉志榮《羌族》，民族出版社，一九九三年。
汪正章《建築美學》，人民出版社，一九九一年。
何重義《湘西民居》，中國建築工業出版社，一九九五年。
陸元鼎、陸琦《中國民居裝飾裝修藝術》，上海科技出版社，一九九二年。

圖版

三　雲南高黎貢山中的怒族村寨
一　雲南高黎貢山麓怒江畔怒族村寨（前頁）
二　雲南貢山昌王的住房群（前頁）

四　山崖前的怒族民居

五　雲南怒族干闌式垛木房

六　雲南怒族低樓干闌式民居

七　雲南寧蒗縣瀘沽湖畔普米族村寨

八 雲南寧蒗縣永寧落水上村普米族村寨一角鳥瞰

九　雲南蘭坪縣普米族村寨

一〇　雲南寧蒗縣永寧落水上村普米族民居

一一　雲南寧蒗縣普米族民居經堂外貌

一二　雲南寧蒗縣普米族民居經堂前廊

一三　雲南寧蒗縣普米族民居經堂内景

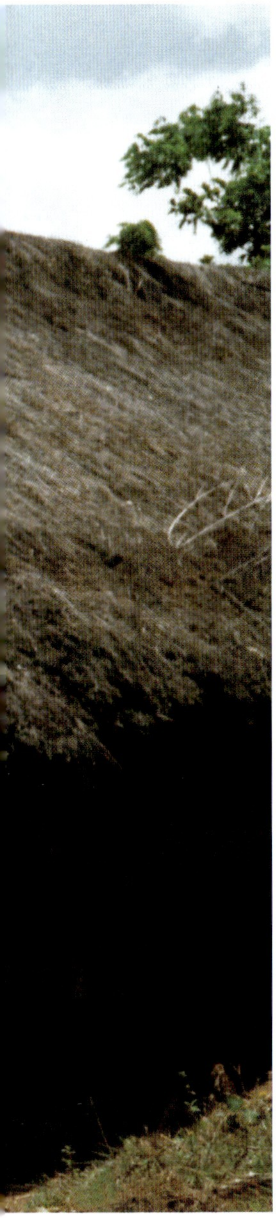

一四　雲南盈江縣銅壁關小寨景頗族山村

一五　雲南景頗族低樓干闌式傳統民居

一七　雲南盈江縣景頗族低樓干闌式長外廊民居之一

一八　雲南盈江縣景頗族低樓干闌式長外廊民居之二

一六　雲南盈江縣景頗族干闌式民居院落

一九　雲南隴川縣景頗族低樓干闌式短外廊民居

二〇　雲南滄源佤族村寨風貌

二二　雲南滄源班洪佤族上寨

二三　雲南滄源班洪某佤族村寨一角

二一　雲南滄源班洪南板鄉佤族山地村寨

二四　雲南滄源班洪佤族村寨寨心一景

二五　雲南西雙版納平壩地區傣族村寨

二六　雲南景洪湖濱傣族村寨

二七　雲南勐臘河畔傣族村寨

二八　雲南景洪傣族村寨一隅

二九　雲南勐海彩虹下的傣家村寨

三〇　雲南景洪傣族溪邊民居

三二　雲南景洪傣族民居的竹曬臺

三三　雲南瑞麗傣族臨水村寨

三一　雲南勐臘湖畔傣族民居

三四　雲南瑞麗傣族竹樓

三五　雲南瑞麗傣族民居

三六　雲南瑞麗傣族民居入口景觀

三八　雲南瑞麗傣族民居落地式窗
三七　雲南瑞麗傣族民居竹編花牆（前頁）

三九　雲南瑞麗傣族民居單層廚房

四〇　雲南瑞麗村寨水井亭

四一　雲南瑞麗傣族村寨中的佛寺

四二　廣西靖西縣壯族村寨

四三　廣西龍勝縣金竹鄉龍脊寨壯族民居

四四　廣西德保縣隆桑鎮示下村壯族民居

四五　廣西地面平房式壯族民居

四七　雲南馬關縣壯族村寨
四六　雲南馬關縣鍋盆上寨壯族民居（前頁）

四八　廣西龍勝縣平等鄉街景

四九　貴州劍河下巖苗寨

五〇　貴州建於山腰的苗寨

五一　貴州雷山依山傍水的郎德上寨

五二　貴州苗族村寨的寨門

五三　貴州雷山郎德上寨的銅鼓場

五四　貴州雷山朗德上寨民居

五五　黔東南木構吊腳樓細部

五七　貴州龍里羊大凱苗寨内部景觀
五六　黔東南格細寨苗居（前頁）

五八　貴州龍里羊大凱苗族村寨局部

五九　貴州苗族的土木結構建築

六〇　黔中地區的石板房

六一　貴州從江縣貧求侗寨

六二　貴州黎平縣侗族肇興大寨全貌

六三　貴州增衝鼓樓與侗寨

六四　貴州從江縣增衝寨遠眺

六五　貴州黎平肇興的鼓樓、花橋、戲臺

六六　貴州黎平縣頓洞侗寨

六七　貴州侗族往洞小寨

六八　貴州錦屏縣者蒙侗寨

六九　貴州侗寨民居

七〇　貴州從江縣郎洞侗寨

七一　貴州從江縣高增寨門

七二　貴州黎平縣高進侗寨鼓樓

七三　貴州黎平縣侗族的花橋

七四　貴州從江縣高進寨戲臺

七五　古老的貴州增衝寨侗族民居

七六　貴州從江縣高增寨侗居單體建築

七七　貴州北部方言侗族民居局部

七八　貴州榕江縣的寨頭的井亭

七九　廣西三江縣林溪鄉程陽橋

八〇　廣西三江縣八協寨侗居及風雨橋

八二　廣西三江縣平流寨侗族民居

八一　廣西三江縣獨洞鄉馬鞍寨侗居及鼓樓（前頁）

八三　湖北恩施縣兩河口土家族某宅

八五　湖北利川縣大水井土家族李宅大門

八四　湖北恩施縣兩河口楊宅過街樓

中共利川市水井鄉委员会
利川市水井鄉人民代表大会主席团
利川市水井乡人民武装部
利川市水井鄉人民政府

八六　湖北利川縣大水井李宅内部

八七　湖北利川縣大水井李氏宗祠樑架彩雕

八八　湖北利川縣全家大院簷面走欄

八九　湖北咸豐縣唐崖土司府牌樓

九○　湖北咸豐縣新場土家族某宅

九一　湖北來鳳縣茶岔溪新安村土家族民居

九二　湖北鶴峰縣百佳坪土家族某宅龕子

九三　湖北鶴峰縣野茶坪土家族民居反挑枋

九四　湖北五峰縣後河土家族張宅

九五　湖北五峰縣後河張宅廂房雨搭

九六　四川黔江縣黃溪土家族張宅望樓
九七　四川黔江縣黃溪土家族張宅柱礎（後頁）

九九　四川酉陽縣龔灘街道拱門

九八　四川酉陽縣龔灘街道（前頁）

一〇〇　四川酉陽縣龔灘深巷土家族民宅

一〇一　四川酉陽縣龔灘烏江土家族高岸危樓

一〇二　四川酉陽縣龔灘土家族江岸民居

一〇三　四川酉陽縣龔灘並聯土家族民居

一〇四　四川酉陽縣龔灘江岸道路石橋旁的土家族民居

一〇五　四川酉陽縣龍潭奶娘井

一〇六　四川酉陽縣龍潭土家族民宅朝門

一〇七　四川酉陽縣龍潭土家族民宅吊樓

一〇八　湖南永順縣巴家河土家族跨溪吊脚樓

一〇九　湖南永順縣巴家河土家族吊腳樓羣

一一〇　雲南小山上的彝族土掌房村寨

一一一　雲南彝族土掌房村寨景色

一一二　雲南彝族土掌房村寨的空中通道

一一三　雲南彝族土掌房外觀

一一四　雲南彝族土掌房屋頂曬場

一一五　雲南彝族有開敞內院的土掌房

一一六　雲南彝族<一顆印>村寨

一一七　雲南彝族＜一顆印＞村寨一角

一一八　雲南彝族<一顆印>民居外觀之一

一一九　雲南彝族＜一顆印＞民居外觀之二

一二〇　雲南彝族雙幢＜一顆印＞相連民居

一二一　雲南彝族＜一顆印＞民居特點

一二二　雲南彝族＜一顆印＞民居内院裝修

一二三　雲南彝族＜一顆印＞民居正面

一二四　雲南金平縣哈尼族村寨遠眺

一二五　雲南金平縣哈尼寨一角

一二六　雲南哈尼族村寨一隅

一二七　雲南哈尼族蘑菇房

一二八　四川茂縣三龍鄉河心壩羌寨

一二九　四川茂縣三龍鄉河心壩羌寨一角

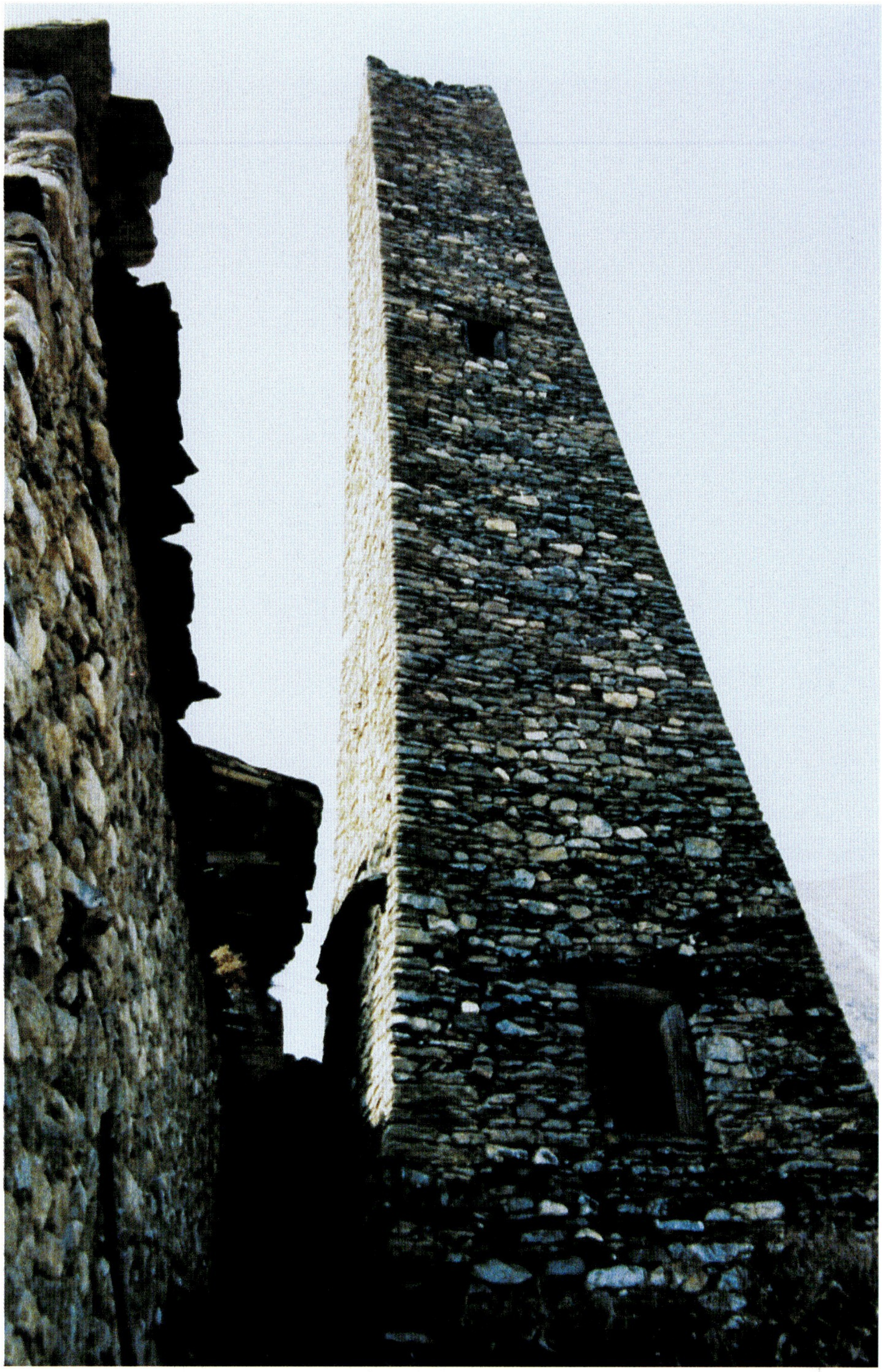

一三〇　四川汶川縣羌鋒寨碉樓一景

一三一　貴州布依族石頭寨遠眺

一三二　貴州布依族民居及院門

一三三　貴州關嶺縣布依族石頭民居

一三四　貴州布依族民居環境

一三五　貴州鎮寧縣石頭寨民居細部

一三六　貴州鎮寧縣石頭寨布依族民居

一三七　雲南大理洱海之濱的白族村落羣

一三八　洱海邊幽靜的海灣漁村

一三九　洱海之濱的漁家

一四〇　蒼山麓下的喜洲白族村落

一四一　雲南大理周城大青樹下的廣場和戲臺

一四二　雲南大理三坊一照壁民居鳥瞰

一四三　雲南大理白族民居外觀之一

一四四　雲南大理白族民居外觀之二

一四五　雲南大理白族民居外觀之三

一四六　雲南大理白族民居有廈門樓之一

一四七　雲南大理白族民居有廈門樓之二

一四八　雲南大理白族民居有廈門樓裝修

一四九　雲南大理周城白族村口照壁

一五〇　雲南大理白族民居＜三滴水＞照壁

一五一　雲南大理白族民居入口小院側牆裝飾

一五二　雲南大理白族民居精美的六扇格子門之一

一五三　雲南大理白族民居六扇格子門之二

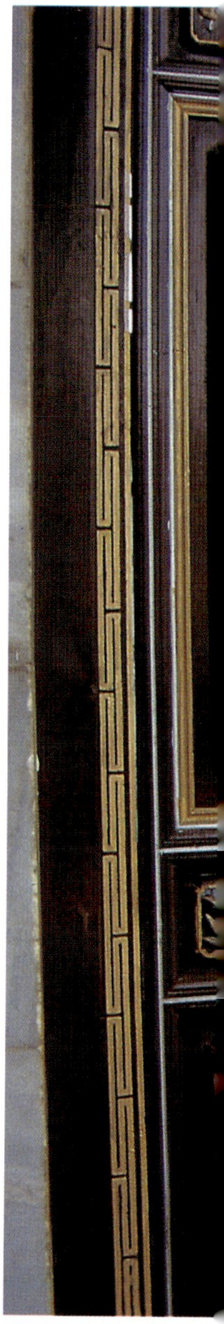

一五四　雲南大理白族民居格子門裙板浮雕

一五五　雲南大理白族民居大門木雕

一五六　雲南大理白族民居外廊欄杆木雕

一五七　雲南大理白族民居天花上的木雕

一五八　雲南大理白族民居前廊及藻井雕飾

一五九　雲南大理白族民居鞍形山牆具象圖案山花

一六〇　雲南大理白族民居人字山牆大龍吐水山花

一六一　雲南大理白族民居人字形山牆彩繪山花

一六二　雲南大理白族民居圍屏

一六三　雲南大理白族民居二樓圍屏

一六四　雲南大理白族民居大理石柱礎

一六五　雲南麗江縣古城大研鎮鳥瞰

一六六　雲南麗江象山南麓的納西族村寨

一六八　雲南麗江古城小巷

一六七　雲南麗江古城街景一隅

一六九　雲南麗江古城小巷民居

一七〇　雲南麗江古城臨水納西族民居

一七一　雲南麗江古城臨水街景

一七二　雲南麗江古城邊臨水納西族民居

一七三　雲南麗江古城水巷納西族民居

一七四　雲南麗江古城前街後河民居

一七六　雲南麗江納西族民居風貌

一七五　雲南麗江古城納西族傍水民居之一

一七九　雲南麗江古城納西族民居内院

一七八　雲南麗江農村納西族民居

一八〇　雲南麗江納西族民居内院鋪地之一

一七七　雲南麗江古城納西族傍水民居之二

一八二　雲南麗江納西族民居格子門

一八一　雲南麗江納西族民居内院鋪地之二

一八三　雲南麗江納西族民居格子門槅心木雕

一八四　雲南麗江納西族民居門樓

一八五　雲南麗江納西族民居樑頭穿枋木雕

一八六　雲南麗江納西族民居底層檻窗

一八七　雲南麗江納西族民居天花欄杆裝飾

一八八　雲南麗江納西族民居懸魚

一八九　雲南麗江納西族民居懸魚木雕

一九〇　雲南麗江納西族民居圍屏

一九一　雲南寧蒗縣納西族支系摩梭人住房

一九二　雲南寧蒗縣瀘沽湖畔的摩梭人住房

一九三　雲南寧蒗縣永寧鄉摩梭人主房内景

一九四　廣西金秀縣瑶族金秀村(茶山瑶)全景

一九六　廣西南丹縣里湖鄉瑶族(白褲瑶)王尚屯外景

一九七　廣西金秀縣十八家村瑶宅(盤瑶)

一九八　福建羅源縣霍口鄉半山村畲族雷宅

一九五　廣西金秀縣金秀村瑶族(茶山瑶)蘇宅大門

一九九　福建羅源縣白塔鄉南洋村畲族藍宅

二〇〇　福建福安市甘棠鎮畲族村

二〇一　福建福安市山頭莊畲族民居

二〇二　福建永安市青水畲族鄉青水村鍾宅

二〇三　福建福安市阪中鄉仙巖村畲族民居及風水樹

二〇四　福建福安市仙巖村畲族民居

二〇五　福建福安市仙巖村畲族鍾宅中廳

二〇六　福安市仙巖村祠堂中的“祖牌”

圖版説明

怒族民居（王翠蘭撰文，于冰、陳謀德攝影）

一　雲南高黎貢山麓怒江畔怒族村寨

巍峨陡峻的高黎貢山和碧羅雪山夾峙怒江，怒族村寨房屋分散靈活地佈置在江的兩岸，綠色農田緊密環繞。地勢陡峭，水流湍急，奔騰咆哮的轟鳴聲成了村寨生活的伴音。在莽莽群山與奔騰激流的環抱中，矮小的茅屋村寨，散發著古樸的鄉土氣息。

二　雲南貢山昌王的住房群

此組房屋，三户並列，沿一山彎修建，房前面臨寨内道路，背向陡峭的山箐，屹立於危崖之巔，流露著粗獷、稚拙的風韻，悠然自得。

三　雲南高黎貢山中的怒族村寨

村寨户數少，各户擇地修建，不拘一格，户間距離遠，且垂直高差大。一幢幢民居獨處一隅。黄色草頂，竹席外牆的干闌式民居，建築風格輕盈、古樸，如一幢幢鄉間別墅，屹立在綠樹葱蘢、芳草萋萋的山崖上，勾畫出壯麗山川景色中怒寨的獨特風貌。

四　山崖前的怒族民居

高峻的山崖前，低矮的黃色干闌式茅屋，迎風而立，形成強烈的剛勁與柔美對比。獨立的民居，山草相伴，綠樹相依，散發著鄉野生活的趣味。

五　雲南怒族干闌式垛木房

建於崖邊的民居，適應山勢，房屋一邊搭在崖邊，另一邊在崖坡下，栽長短木柱架平居住面，成為干闌式。牆體用圓木相疊，圍合成居住空間，上覆木板頂，俗稱『垛木房』、『木楞房』即井干式，形成干闌式和井干式組合的民居。平面方形，一間，內有火塘，起、臥均在內。這種奇特的形式，在中國民居中是很少有的。建築風格既空靈又敦實，流露著粗野、稚拙、古樸的野趣。

六　雲南怒族低樓干闌式民居

民居保持著傳統建築風格，雙坡草頂，出簷深遠，地勢雖較平緩，底層仍架空，為低樓干闌式。牆身用厚木板相疊，可節約木材，具有淳樸、潔淨之美。

普米族民居（陳謀德撰文，于冰攝影）

七　雲南寧蒗縣瀘沽湖畔普米族村寨

雲南高原麗江地區寧蒗縣瀘沽湖畔，落水上村的普米族村寨，建於緩坡上，背倚鬱鬱蔥蔥的山巒，面臨煙波浩渺的湖水，視野開闊，環境幽美。這裏的普米族居民，仍保留著母系大家庭和『走婚制』，住四合院井干式的『木楞房』，又稱『垜木房』。

八　雲南寧蒗縣永寧落水上村普米族村寨一角鳥瞰

村內多三、四合院木楞房，木板瓦頂，經堂為筒板瓦頂。主房單層是主婦居住和家庭活動中心；兩側的經堂、庫房、對面的門樓為二層，底層養畜存物，經堂供喇嘛唸經，門樓或一側樓上分小間，供成年婦女居住，以便夜間接待伴侶『阿注』。民居的木板屋頂，掩映在綠樹叢中，風光綺麗。

九　雲南蘭坪縣普米族村寨

蘭坪縣通甸區箐杆場普米族村寨，地處寒冷山區，道路蜿蜒曲折，房屋依山就勢，自由靈活佈局。民居均為一、二層的『木楞房』，木板屋頂，樓下住人樓上存物，室內設大火塘禦寒，宅旁建晾曬農作物棚架，就地取材，適應環境。建築風貌原始、粗獷，燒草積肥，一幅原始美、自然美的畫圖。

一〇　雲南寧蒗縣永寧落水上村普米族民居

永寧落水上村普米族民居門樓，中間是四合院入口，正對主房。近年新建的木楞房，樓上成年婦女臥室已用玻璃窗，屋頂也改用筒板瓦。這種民居多建於盛產木材的寒冷山區，內設火塘防寒，便於就地取材，經濟適用，建造方便，延續至今，並仍散發著古樸的鄉土氣息和濃鬱的民族風味。

一一　雲南寧蒗縣普米族民居經堂外貌

瀘沽湖畔落水上村普米族民居某宅，經堂設在樓上，供喇嘛唸經。永寧普米族受藏傳佛教影響很深，篤信喇嘛教，十分重視經堂建設，用毛石腳、木構架、土坯牆、筒板瓦頂；欄杆上挑出空花美人靠及垂花柱，並施油漆彩畫；室內裝修尤為講究，與古樸、粗獷的『木楞房』民居形成鮮明對比，打破了村寨建築群的單調感。

一二　雲南寧蒗縣普米族民居經堂前廊

上例喇嘛教經堂前廊，右為經堂雕花槅扇及木壁，上繪佛家、八寶圖案寶瓶、蓮花；左是空花美人靠；淺藍分格平頂。盡端有宗教題材壁畫一幅，工筆重彩，形象生動，頗有藏族寺廟壁畫風格。

一三　雲南寧蒗縣普米族民居經堂內景

永寧落水上村普米族某宅，喇嘛教經堂室內，神龕雕刻精美，平頂木框分隔，全部油漆彩畫。以深橙暖色基調點綴小塊黑、白、藍色，和懸掛的兩個神物的大紅、淡綠色十分協調。彩畫有八寶圖案、白馬等，藏式裝飾特色濃鬱。

景頗族民居 （陳謀德撰文，于冰、陳謀德攝影）

一四　雲南盈江縣銅壁關小寨景頗族山村

雲南盈江西南的銅壁關鄰近中緬邊界，小寨在銅壁關河北二公里山中。這個有二十多户的景頗族山村，青山環抱，環境優美。長脊短檐倒梯形屋面的干闌式茅舍，和瓦屋頂的民居，疏朗、靈活地分佈在山地中，在茂林修竹的掩映下，呈現出景頗族村寨獨特的風貌。

一五　雲南景頗族低樓干闌式傳統民居

景頗族的傳統民居的特點，是低樓干闌式，懸山屋頂長脊短檐、倒梯形屋面，竹木結構，山面入口，內設火塘，現留存很少。圖為銅壁關山區某宅，門廊二層，出簷深遠，陰影籠罩，入口半開敞空間，曲折變化，四周綠樹蔥籠。建築風格古拙、粗獷、獨特、自然，具有原始美、自然美。

一六　雲南盈江縣景頗族干闌式民居院落

銅壁關小寨景頗族某宅院落，正房與廚房畜厩高低錯落，竹籬環繞，環境幽靜。住房為五開間低樓干闌式，木構架，竹編牆，正面入口。由於四間底層架空，門廊凹進；端間落地並留出外廊，造型富於變化，形成高低、凹凸、虛實、明暗的對比，和通透、開敞、自然的美感。

一七　雲南盈江縣景頗族低樓干闌式長外廊民居之一

銅壁關小寨某宅，木構架、木樓板，竹壁、瓦頂。從兩端山面登樓，到三開間通長前外廊，中間竹壁後退，形成較大空間，是住户室外生活場所。白雲綠樹襯托出褐色民居樸實無華的素質美。

一八　雲南盈江縣景頗族低樓干闌式長外廊民居之二

銅壁關小寨某宅，為曲尺形平面，低樓干闌式，内側設通長外廊，并與附屬房屋組成三合院。底層通透，造型别具一格。

一九　雲南隴川縣景頗族低樓干闌式短外廊民居

隴川章鳳山區景頗族廣山寨某宅，山牆改用土坯牆，三開間正面，有二間前外廊，並從另一間設梯上樓。竹壁草頂，另建廚房，形成院落，院前橫竿劃分院内外空間，翠竹花木圍繞，頗有鄉土氣息，建築風格自然、簡樸。

佤族民居（陳謀德撰文，于冰、吳彥非攝影）

二〇　雲南滄源佤族村寨風貌

滇西南阿佤山區某佤族村寨，位於茂林修竹環抱的山坡上。橢圓形草頂佤族民居，依山就勢，鱗次櫛比，翠竹風摇，炊煙裊裊，好一幅佤族山村的圖畫。

二一　雲南滄源班洪南板鄉佤族山地村寨

南板鄉班獨佤族村，位於莽莽群山環抱的山地，四周竹林茂密，樹木青幽。一幢幢橢圓陡峻的草頂民居，在薄霧籠罩下和大自然的懷抱中，顯得既恬靜、優美，又原始、粗獷，散發出濃烈的鄉土氣息。

二二　雲南滄源班洪佤族上寨

班洪佤族上寨，房屋呈帶狀排列，村後翠竹如屏，村前黃花遍地，曬臺相望，牛聲相聞。村寨的民族風格濃鬱。

二三　雲南滄源班洪某佤族村寨一角

班洪佤族某寨，在藍天、白雲、青山、綠樹和翠竹的襯托下，呈現出古樸、粗獷的建築風貌。從幾幢橢圓屋頂上伸出的電視天線，説明了居民生活正在改變，給古老的山村添了几分現代色彩。

二四　雲南滄源班洪佤族村寨寨心一景

班洪某佤族村寨寨心，中有寨心亭。陡峭的橢圓草屋頂間，綠樹蔥鬱，藤蘿纏繞，陽光明媚，環境幽靜，居民生活，悠然自得。

傣族民居

（王翠蘭撰文，于冰、陳謀德、吳彦非、王翠蘭攝影）

二五　雲南西雙版納平壩地區傣族村寨

村寨入口迎面一座雄偉壯麗的佛寺，聳立在寬闊的基地上，突出了佛寺在村寨中的神聖地位，這是平坦地區村寨佈局的常規。排列整齊井然有序的住房，與佛寺間留有一定距離，是人居區域不能靠近神靈所在地思想的體現。宏偉的佛寺，與簡樸的民居，形成鮮明對比，是傣族村寨風貌的特色。

二六　雲南景洪湖濱傣族村寨

村寨緊鄰湖濱，寨內住房星羅棋佈，與茂密的樹叢，高聳的椰樹，青幽的果木融為一體。波光樹影，美不勝收，環境極佳。

二七　雲南勐臘河畔傣族村寨

清清河水流經村寨，住房沿河排列，居民水中洗滌，兩岸果木繁茂，是一個生活方便、景色綺麗的居住環境。

二八　雲南景洪傣族村寨一隅

路邊高大挺拔的椰樹成行，一幢幢民居排列於後，脊短坡陡，出簷深遠，簷下偏廈構成重簷。牆身隱避於中，防止了陽光直射；綠籬翠竹掩映，倍增蔭涼，一派熱帶風光。

二九　雲南勐海彩虹下的傣家村寨

西雙版納州勐海縣某傣家村寨，雨霽天晴，萬物清新，藍天白雲，彩虹斜掛，山巒滴翠，流水潺潺，傣族竹樓，若隱若現，一幅如詩如畫的醉人景色。

三〇　雲南景洪傣族溪邊民居

民居位於田野邊緣，前臨溪水，後倚山巒，綠樹為屏，景色秀麗。瓦屋頂、木板牆的干闌式民居，在一叢香蕉林簇擁下，屹立在水邊。溪旁水中，婦女們正在洗曬衣物，色彩鮮艷，熱鬧非凡，洋溢著傣族村寨和睦生活的樂趣。

三一　雲南瑞臘湖畔傣族民居

紅色小平瓦干闌式民居，不用重簷，而挑出外廊以遮陽，樓梯位於廊外，其上懸挑小屋頂防雨，正面寬大的陽臺，視野開闊，是待客和家人活動處，這些做法頗有新意。房屋豎立著電視天線，反映居民生活有較大提高。輕盈通透的民居，建在綠色膠林前、清澈的湖水邊、湖光倒影、景色優美，頗有風景區度假别墅的韻味。

三二　雲南景洪傣族民居的竹曬臺

竹曬臺全用竹子建成，是全樓唯一可用水洗滌的地方。上放水罐數個，在此洗曬衣物，使樓居的人們生活方便。

三三　雲南瑞麗傣族臨水村寨

瑞麗村寨常隱於竹林中，茂密高大的竹叢成了村寨的標誌。寨内住户間距大，各户用地較寬，均用竹籬圍成院落，内種熱帶果木和翠竹，户户竹木相連成片，房屋處於綠蔭中。此圖水邊三幢干闌式竹樓，臨水而居，波光倒影，環境極佳。其中一幢屋頂已改用白鐵皮，較山草耐久，是當地民居屋頂用料的新趨向。

三四　雲南瑞麗傣族竹樓

此户民居保留著竹文化的特色。樓上住人，樓下存放雜物。歇山式草頂，脊長坡緩，竹蓆牆，竹曬台，竹蓆圍合架空層，外觀淳樸自然，繼承了竹樓的傳統，是現存較少的實例。

三五　雲南瑞麗傣族民居

瑞麗民居改用鐵皮屋頂，樓層前部生活間用木板牆，後部臥室及底層仍用竹蓆牆，基於適用，兼顧美觀，區别對待，表現了民居建築的務實精神，老的傳統風格猶存，又有一定的現代色彩。

三六　雲南瑞麗傣族民居入口景觀

瑞麗傣族民居入口木梯上，懸挑出一個單坡屋頂，造型輕巧，完全開敞，既為樓梯防雨，又為外觀增色。門楣上用直欞組成門頭，下部呈弧拱形，欄杆用方勝圖案花格，構思巧妙，别具匠心，花木簇擁，環境幽静，成為瑞麗傣族民居獨特的入口景觀。

三七　雲南瑞麗傣族民居竹編花牆

傣族在漫長歲月中，創造了燦爛的竹文化，大量用竹種竹，生產生活離不開竹。對竹的特性熟諳，編竹技巧高超，竹樓外牆的竹蓆，利用竹的正反面光澤與質感的不同特性，編成各種花紋，裝飾外牆，美觀大方，是瑞麗民居特色之一。二樓挑出小室為佛龕，豐富了建築造型。

三八　雲南瑞麗傣族民居落地式窗

瑞麗民居降低室温採取加大風量和增加空氣對流的方法，在房屋左右外牆上，開設上下兩段的落地式窗，夏日左右窗兩段同開，空氣對流，涼風徐徐吹入室內，降温甚佳，特別對蓆樓而坐的生活方式更為適宜。下段窗於室内設護欄，以策安全，構思周密。落地式窗已成為瑞麗民居又一特點。

三九　雲南瑞麗傣族民居單層廚房

瑞麗民居的火塘文化遺風已大大減弱，早已在房屋後端另接建單層落地式廚房，煮飯、用餐均在此。生活間多已不再設火塘，但老習慣猶存，人們仍圍原火塘位置暢談。此户民居主房後端的平房即廚房，室内有樓梯相通，使用方便。在似錦的紅花下可看到落地和不同花紋的竹蓆牆。

四〇　雲南瑞麗村寨水井亭

傣族多飲用井水。寨內水井上建小屋或小亭，保護水質。此圖為瑞麗傣族村寨水井上的小亭，形象玲瓏優美，成為村內一景。內放舀水的竹筒，供取水用，亦供行人飲水解渴使用。

四一　雲南瑞麗傣族村寨中的佛寺

瑞麗傣族村寨中常建干闌式佛寺，殿堂為木樓板、竹席牆、歇山式白鐵皮頂，脊長坡緩，中部常分數段迭落，殿外有前廊，是信徒參拜前脱鞋放物處。佛寺在大青樹和週圍『竹樓』襯托下，形態優美，極有特色。

壯族民居

（楊穀生、陳謀德撰文，楊穀生、于冰、李冬禧攝影）

四二　廣西靖西縣壯族村寨

村寨建在縣級公路北側石山腳下的平地上。背靠石山，面向開闊的田野，避風向陽。寨前有小溪蜿蜒流過，山上溪邊樹木蒼翠互相輝映，環境優美，充滿生機。這是壯族村寨選址的成功實例。民居為兩層，多户并聯成為長條形。

四三　廣西龍勝縣金竹鄉龍脊寨壯族民居

桂北山區盛産木材，這種干闌建築為全木結構，毛石腳，歇山瓦頂，以三開間帶偏廈和五開間居多，底層除入口樓梯外，作畜圈、廁所、儲藏等用，樓上為居住層，由望樓（即深外廊）、堂屋、卧室、火塘間組成。堂屋與火塘間相連，空間高大，婚喪、年節、宴客等均在此進行。火塘間兼廚房餐室，又是全家烤火、聚談的地方。有的從二樓出挑，造型輕盈通透，充分發揮了木結構的特性。

四四　廣西德保縣隆桑鎮示下村壯族民居

民居建在山腳下平緩坡地上，三户民居並聯而建，每户三間。民居建築前半部用柱架空為干闌式，後半部利用將山坡劈出的臺地做地面，同前半部的樓板平齊，為半樓居，樓層上前部為堂屋、居室；後半部平臺上為竈房，樓下養畜。瓦屋面向前出簷很深，簷下的木樑、柱、牆板及挑臺欄杆，色調統一，造型質樸，盡顯山地民居本色。入口前的條石臺階，堅實的材質和由下向上昇起的緊湊節奏，突破了立面的單調感。横貫立面的挑臺空間，增加了民居建築空靈氣質，豐富了立面層次。整個建築形象，統一而有變化，樸素大方毫不做作。

四五　廣西地面平房式壯族民居

民居坐落在土山下的緩坡地帶，將山坡鏟平用碎牆木構架修築成地面建築。平面三開間，中間堂屋室内空間高敞，兩側開間中間架木樓板成為兩層。立面上仍保留了二層挑臺用的直櫺木欄杆，是干闌式民居建築的痕跡。造型簡潔樸實，色調統一，充分體現了地方建築材料的本色美。

四六　雲南馬關縣鍋盆上寨壯族民居

在平壩地區，民居多建於壩子邊緣，樓下住人，樓上儲物。竹木圍繞，環境優美。

四七　雲南馬關縣壯族村寨

山巒葱鬱，田野碧綠，村寨背山向陽，融於大自然中。

四八　廣西龍勝縣平等鄉街景

在龍勝侗族壯族苗族瑤族自治縣的平等鄉的街上，房屋均是壯族干闌式民居，底層局部封閉，前留出廊，而成騎樓形式，木結構，樓上住人，樓下開店或住人，整齊和諧，韻律感強，是近代沿海騎樓式建築的濫觴。

苗族民居（譚鴻賓撰文，羅德啟、譚鴻賓、顏心舒攝影）

四九　貴州劍河下巖苗寨

下巖寨位於黔東南劍河縣温泉鄉，是一個遠近聞名的苗族村寨。全寨現有一百多户，五百餘人，有六百多年的寨史。村寨建於群山之間，三面臨水，左有温泉小溪，前有極京小河，匯入右側清水江。被寨民們重點保護的對門坡樹種繁多，四季常青。風景秀麗，環境優美。圖為村寨的大環境。

五〇　貴州建於山腰的苗寨

山腰或山頂的苗寨，雖遠離河流溪水，而寨内都有多處地下泉水，供生活飲水，并引入佈於寨内的水塘，供防火，牲畜飲用。耕地多為梯田。民居順應山勢形貌佈置，平面空間自由多變，群體建築和諧，富有層次感。住在山上的苗族村寨有多種形態，隨山勢而異。圖為建於山腰的苗寨。

五一　貴州雷山依山傍水的郎德上寨

郎德上寨位於雷山縣報德鄉。苗族在貴州境内雖都稱為苗族，但分為紅、白、青、黑、花五大種類型，此外還有少數其他苗類型，各類苗族多以服飾或婦女頭飾區分。在雷山縣一帶多為黑苗，聚族而居。

郎德上寨是一個有一百餘户、六百餘人的中等村寨，有六百餘年的歷史。村寨後依青山、地勢險要，寨前河水清澈；青石小道縱横交錯通向寨内各宅。村寨的民居多係半邊吊腳式干闌木樓，青瓦屋面，幽深淡雅，民居疏密相間。今該寨已定為民族文化保護村。

五二　貴州苗族村寨的寨門

苗族村寨的寨門分無形和有形兩種。無形寨門不建門樓，或以溪水之橋、或經進寨的風水樹木、或以幾條入寨的小路來界定村寨範圍。郎德上寨的寨門是以三座寨門作為村寨內外的標誌，上、中、下的三座寨門，各有一條入寨道路，也是寨內的三條主要幹道。三座寨門的建築造型類同，但依地形的不同，其景觀各有特點。寨門同民居相比，雖然小巧，但顯得層次分明。使人看去道路、寨門、民居和環境自然有序。

五三　貴州雷山郎德上寨的銅鼓場

郎德上寨有兩個銅鼓場，這個大銅鼓場，是全村的活動中心：節日活動、接待國內外賓客、召開會議、工餘憩息、晾曬穀物等多功能的露天場地。以青石塊鋪築的圖案頗具匠心，類似銅鼓鼓面。苗族的建築文化不僅體現在民居建築，還體現在銅鼓坪、遊方場、糧倉、禾晾等生產和文化建築上。

五四　貴州雷山朗德上寨民居

苗族民居建築多一字型，以兩個或三個開間居多，也有多開間的連排房，視地形條件因地制宜決定開間的多少。建造的細部有粗有細，對前立面的製作工藝很細緻，而對後立面和側立面僅作一般處理。遠視群體層次豐富，近視單體細部極富建築藝術之美。

五五　黔東南木構吊腳樓細部

木構吊腳樓屬干闌建築，但底層不全部架空，而是前部架空，後部落地的半邊樓，極富地方和民族特色。側面和背面只做一般處理，正立面是裝修的重點，特別以明間（堂屋）為構圖中心，精心製作的挑廊欄杆与挑出的垂花吊柱，相配得當，協調統一。尺度親切近人，富有美感。

五六　黔東南格細寨苗居

格細是黔東南州府附近的一個苗族村寨，民居多為二三層木樓，功能分區與這個地區的其他苗族類同，宅前多設水塘，養魚、消防兼用。豎向交通為木板樓梯，一般為雙梯，在房屋的兩端設有梯間。

五七　貴州龍里羊大凱苗寨內部景觀

村寨的建築風貌只有在寨內方能見到。遠眺村寨的建築全部隱於林樹之中。圖為村寨部份景觀，民居和輔助建築被林木翠竹所遮掩；寨內多為院落式苗居，以庭院為中心，以正房為主體，廂房多為客房或存放雜物，還配有飼舍、糧倉、廁所和柴草棚等輔助建築；寨內和院內衛生整潔。這個較為封閉的自然村寨有自己的建築文化，至今還保留著一些古老的個性。

五八　貴州龍里羊大凱苗族村寨局部

這個苗族村寨位於貴州省黔中地區的龍里縣西北部，鄰近貴陽市。距該縣經濟發達的谷腳鄉僅有三公里，但至今仍較封閉，純係以農耕為本，以稻、黍類作物為主。這個村寨隱於林樹之中，遠看『只見森林不見屋』，只有在村落內部方可見局部的建築景觀。

五九　貴州苗族的土木結構建築

居住在西部高原相對寒冷地區的苗族人口較少，同其他民族交錯雜居，民居建築與漢族類同，多建木構生土茅草房。簡易的木構房架，石砌的臺基，生土的房身和茅草的雙坡屋頂，具有地方特征，并使人聯想到歷史的建築原形。圖為生土茅草房，環境優美。

六〇　黔中地區的石板房

黔中地區的木構石板房，獨具特色，多為平房或二層樓房。建築結構體系依自然條件、民俗和匠師的習慣做法，尤以就近取材為先決條件。這個地區的灰巖，層理分明，產狀平緩，節理規則，裂隙較少，層間以泥質夾層分隔，便於開採，是較好的牆體和屋面材料。石板厚多為三厘米左右，整塊石板可三米多長。在村寨附近的森林樹種達十餘種，多為雜木，強度比松、杉木高，房架和牆體均可就地選用。圖為三個開間單層帶閣樓的民居。右側毛石牆體的一間是後來擴建的。

侗族民居（羅德啟、陳謀德撰文，羅德啟、譚鴻賓、顏心舒、李冬禧攝影）

六一 貴州從江縣貧求侗寨

俯視貧求分為兩個小寨，佈於一條清澈見底的河流兩側，河水南匯入都柳江。這個村寨位於高增大寨南側，同屬吳姓侗族。在兩上小寨的醒目之處各有一座鼓樓，可見秀麗的山水與田園風光。這個建於清代的村寨佈局恰到好處，彼時的建築文化，已達到了較為嫻熟的階段。村寨多為半邊吊腳樓，既利用了山區地形，又有優美的內外自然環境。

六二 貴州黎平縣侗族肇興大寨全貌

肇興大寨，亦稱肇洞寨，屬侗族南部方言區，素有『七百貫洞，千家肇洞』之稱。肇興大寨位於黎平縣城南七十公里，村寨地形是兩山對峙間的谷地。民居沿山谷走向的溪流及馬路的走向而佈，兩條溪水於村寨中間匯合流向西北的都柳江。村寨佔地面積為十八萬九百六十平方米。現有住户八百餘户，近四千人，居住的人口僅次於黎平縣城，其規模為全縣自然村寨之冠。侗族村寨多以一姓為主，肇興寨全係陸姓。分稱：仁、義、禮、智、信五個小團寨，各有一個『小姓』。各團寨都建有鼓樓、花橋和戲臺。民居分佈形態呈線狀格局，總體整齊有序。

六三 貴州增衝鼓樓與侗寨

增衝鼓樓是貴州境內現存鼓樓中建築年代最早的一座，始建於清康熙十一年（一六七二年），並於光緒二十二年（一八九六年）維修。鼓樓平面呈八角形，佔地面積九四平方米，造型為十三重簷，八角攢尖頂密簷式木構建築，通高二十餘米。樓內分四層走廊，設有木梯蜿蜒而上，層層樓簷有精緻的方格欄杆。在底層正中設一火堂。四壁懸掛對聯、匾額，並有題詞。鼓樓自下而上逐層收分，每層飛簷翹角，彩繪有花鳥圖案。樓冠之上的葫蘆寶頂直入雲空，雄偉壯觀。

六四　貴州從江縣增衝寨遠眺

增衝寨位於從江縣往洞鄉，村寨三面環水猶如一個半島上的村寨，溝壑池塘滿佈於寨內，是個群山環抱的水鄉。民居以干闌式木樓為主，間有磚木結構侗居。著名的增衝鼓樓聳立村寨之中。寨內還建有祭祀『薩歲』的『祖母壇』和糧倉、禾晾等建築，極富侗鄉的特色。

六五　貴州黎平肇興的鼓樓、花橋、戲臺

侗族的鼓樓、花橋、戲臺是建築文化的重要組成部份，肇興鄉的仁寨頗具匠心地將三者同民居巧妙地結合起來，配以後山的林木，實為侗鄉特有的景色。

六六　貴州黎平縣頓洞侗寨

頓洞共有三個小寨，本圖所示為頓洞大寨中心部份，鼓樓在侗族村寨多居於村寨的中心或顯著部位，是侗鄉建築文化的特點。侗族民居以干闌建築而聞名，然而也有『石頭建築』，木構樓屋和『石頭』民居從鼓樓兩側劃分，這在南部侗族民居中較為少見。據該寨老人介紹，『石頭』民居晚於木構干闌樓房。這是侗民就地取材、改善居住條件的完善與發展。

六七　貴州侗族往洞小寨

這是往洞小寨的全貌，共有十七棟干闌式木樓，多為二至三層，功能分區與南部方言的侗族民居類同。寨內，有一座方形多層四角攢尖頂的小鼓樓，鼓樓的體量、高度同小型村寨協調統一。村寨依山傍水，有林竹繁茂的內外環境，使村寨統一於自然環境之中，顯得古樸典雅，和諧美觀。

六八　貴州錦屏縣者蒙侗寨

這是個村寨處於南部方言區的侗寨，民居建築分佈於河流兩岸，山水相連。寨前的風雨橋以及梯田與村寨的民居建築群體渾然一體，看上去雖樸素無華，卻給人以村寨佈局和建築藝術的美感，寨內疏密相間的竹木同建築呈不同色調的對比，顯得自然協調。

六九　貴州侗寨民居

這是一個利用地形和自然景觀的侗族村寨。民居單體建築多為半邊吊腳木樓。看去自然和諧，為一典型侗族村寨。

七〇 貴州從江縣郎洞侗寨

位於都柳江畔的郎洞侗寨，依山地形貌圍山而建。因地形坡度較大，多為二至三層半邊吊腳樓。平面分區仍為樓下飼養和存放雜物，豎向劃分；二層前部為起居通廊，後部為卧室；閣樓層存放穀物和小型生產工具。全木結構，青瓦或樹皮屋面兼而有之。圖為村寨的一部份，前為小溪，建築與林樹相間，顯現出侗族民居建築的文化特色。

七一 貴州從江縣高增寨門

高增寨的入口寨門，具有寨門和花橋的雙重功能。這座寨門是由一位七十多歲的木作匠師吳老先生設計建造的，它既保留了花橋的傳統造型，又在結構上有了新的改進，解決了跨越公路大跨度的木構技術問題，體現了民族的建築技術和藝術的不斷發展與完善。

七二 貴州黎平縣高進侗寨鼓樓

高進寨鼓樓建於清代後期，遲於增衝鼓樓。這座鼓樓為五重簷八角攢尖頂。樓身分兩段組成，下部的兩層為方形，三四層及樓冠為八角形，四根主承重立柱直通樓頂，三四層及樓冠於四面的中部各加一根立柱。看去造型有所變化。但均由十二根立柱組成，并層層收分；鼓樓的規模不大，但同村寨的群體建築協調。做功精細，古樸美觀。

七三　貴州黎平縣侗族的花橋

在南部方言的侗族地區，花橋的橋樓往往與鼓樓相似，黎平縣的矛貢寨的花橋一高兩低的三個橋樓是鼓樓的樓身和樓冠。建在交通要道一側的溪水之上，以民居和山林為背景。從總體上審視，顯得既簡潔素雅美觀，又有建築藝術的特有風貌。侗族花橋樓多為全木結構，而這座小型花橋的下部建築為毛石砌築，中為圓拱橋孔通水，起到了蓄水堤壩的作用，可灌溉，可養魚。

七四　貴州從江縣高進寨戲臺

高進寨位於從江縣內，是一個古老的侗族村寨，戲臺（又稱戲樓）建築也有相當長的歷史。這組建築由戲臺、兩廂的風雨看臺和露天看臺及場壩組成，規模較大，有別於其他侗鄉戲臺。侗戲是南部方言的地方戲劇，這一劇種的形成雖然只有一百多年的歷史，但已構成南部侗鄉文化的重要組成部份。村寨的戲臺建築也隨侗戲的產生而興起。這組建築融匯了漢族戲樓建築的手法，頗有建築文化的特色。

七五　古老的貴州增衝寨侗族民居

這是增衝寨建於一百五十年前的老宅，雖幾經維修，主要構件還是原有的。它反映了侗族建築文化的原貌。在構圖上主要表現其建築細部。所以，没有花草樹木等配景。

七六　貴州從江縣高增寨侗居單體建築

高增大寨位於從江縣城南部，這個村寨有六百餘年的寨史，是一個住有三百八十餘户，一千七百餘人的中型的侗寨，村寨選於較為平緩的坡地上。民居多為干闌木樓，間有少數磚瓦房。從群體上看至今仍保留著侗族的傳統建築風格。本圖片只選了吳宅的主體建築，三層三開間的侗居，層層出挑，使用面積層層加大，二三層的前通廊寬達三米多。前為水塘，種有水生植物，右為溪流，周圍均係綠樹和民居。這是一幢建於清代末年的木構建築民居，未見明顯的變形。

七七　貴州北部方言侗族民居局部

北部方言侗族民居建築同南部方言的民居建築有相同之處，也有不同之處；依山近水，善於利用地形，村寨建在較好的環境之中，這是相同之處；就民居單體建築而言，南侗民居二層以上前部都有寬大的通廊，而北侗則可有可無，表現出不同的建築特徵；村寨一般不建鼓樓、花橋和戲臺；南侗多信仰『薩歲』，建有祖堂或祖母壇，北侗則信仰飛山公，建有飛山廟。南北兩部方言的侗居多為干闌建築，但北部方言侗居的做功較為精細。

七八　貴州榕江縣的寨頭的井亭

在侗族地區同其他民族地區一樣，對飲用水源的保護十分重視，村寨內外凡有地下泉水的地方都採取保護措施，有的用石牆圍護，有的以石板遮蓋，有的建有井亭。寨頭井亭建築很有特色，造型別致，通過一段風雨廊方能到達水井處取水，并將人畜水源分別設置，以防水體污染。

七九　廣西三江縣林溪鄉程陽橋

侗族村寨常建在河畔，處處見橋，以長廊式木橋居多，稱風雨橋或花橋。廣西三江縣北的程陽橋最為著名，係國家重點文物保護單位，位於林溪鄉馬安村下的林溪河上。橋長七十六米，寬三點七米，五礅四孔，橋上有四重簷樓亭五座並列，以廊相連，中間為六角、四角攢尖瓦頂，兩邊是歇山屋面。『重瓴聯閣怡神巧，列砥橫流入望遥』（郭沫若題詩），造型別致多姿，侗族風格濃鬱。橋面木樑結構由石礅上兩層懸挑木樑支承，橋上亭廊全部榫卯插枋構造，欄杆下做一點二米深挑簷，防止了木樑受雨淋，還美化了橋身。花橋將木材力學性能發揮至極，是侗族文化在建築藝術上的結晶。

八〇　廣西三江縣八協寨侗居及風雨橋

三江縣八協寨臨水而建，三座重簷歇山冷攤瓦頂覆蓋風雨橋，有弧形石階通水面。村寨左側民居上，伸出鼓樓歇山屋頂。大片侗居的灰黑色懸山屋頂，與白色屋脊如鳥欲飛的橋上樓閣形成鮮明對比。屋頂上晾曬著金黃色糧食作物，一派侗族山鄉風光。

八一　廣西三江縣獨洞鄉馬鞍寨侗居及鼓樓

三江縣馬鞍寨七重簷方形攢尖頂鼓樓前廣場，曬滿金黃色糧食。旁為三層木構侗族民居，底層局部架空，有的屋角門廊懸挑。出簷深遠的懸山屋頂，山面做一二層水平披檐，豐富了民居的造型，并有防雨功能。

八二　廣西三江縣平流寨侗族民居

三江縣平流寨位於青山之陽，溪流之濱，水田之旁。侗族民居架空底層局部封閉利用，二樓居住層向水面懸挑出寬廊，視野開闊是良好的室外生活空間，有的部份封閉使用。懸山屋頂山面挑出一層披檐，外觀富於變化，建築風格輕盈、質樸，民族特色顯著。

土家族民居（張良皋撰文，張良皋、朱碧湧攝影）

八三　湖北恩施縣兩河口土家族某宅

三合水，三層『龕子』，『枕頭廂房』。三合水是較為富裕的民宅。三層『龕子』比較少見，主要居住空間仍在二層；上層貯藏穀物，底層畜養牲口，放置雜件。枕頭廂房前后出山，較之『磨角廂房』（用四十五度岔脊，不出後山）通風更為良好。

八四　湖北恩施縣兩河口楊宅過街樓

鄉場街道建過街樓，在土家苗家地區是常見的公益事業，但目前尚存者不多。此例前後店堂都屬楊姓產業，過街樓也是有意設置，較具完整性，商業氣氛濃鬱。

八五　湖北利川縣大水井土家族李宅大門

可能為了『風水』的理由，『朝門』斜開，但觀感上顯然增加了宅第韻致。左面吊腳樓是本宅的『服務部份』。

八六　湖北利川縣大水井李宅内部

如圖示門廳、過廳、大廳三重正屋兩重天井，其他院天井甚為繁複，揉合了鄂西和四川民居的風格。

八七　湖北利川縣大水井李氏宗祠樑架彩雕

南方建築往往在淺浮雕上施彩畫，利川大水井李氏宗祠樑架彩雕圖案華美，設色雅致，是此中精品。

八八　湖北利川縣全家大院簷面走欄

單純簷面走欄實例不多。此例走欄有兩層，更為罕見。木構房屋建在石砌高臺基上，但並不與臺基線平行，於是出現類似當今『解構主義』的處理方式。

八九　湖北咸豐縣唐崖土司府牌樓

唐崖土司府號稱『土司皇城』，建於明代，規模甚大，高達十米，現存石牌樓，可資想象當年盛況。牌樓正面刻『荆南雄鎮』，背面有『楚蜀屏翰』幾字。石枋上刻有『土王夜巡』、『麒麟奔天』、『吞雲吐霧』、『舜耕南山』等圖，是土家族建築與雕刻的有機結合體。

九〇　湖北咸豐縣新場土家族某宅

四合五天井，面闊十三間，左右『朝門』(已毀)，左右『龕子』(西邊已毀)，是鄂西迄今已發現的最大干闌式民宅。選址山環水抱、藏風避氣，『風水』甚佳。本片拍攝位置在其『青龍』上，是一片小石林。此宅現為中學校址。

九一　湖北來鳳縣茶岔溪新安村土家族民居

五間正屋加廂房，典型『鑰鐵匙頭』平面佈局。豬欄置於左手，整座建築體量平衡。三層『龕子』，『罳檐』(即歇山)局部披搭形成重簷，是其特色。翼部起翹明顯。

九二　湖北鶴峰縣百佳坪土家族某宅龕子

『龕子』正面、內面有走欄，外面加披搭，是常規形式。『罳檐』翼角用正挑枋(上翹)，中間用反挑枋(下彎)，使檐口形成明顯起翹，為鶴峰民居特色。走欄下吊雞籠，頗見匠人巧思。一般走欄欄桿，是垂直的『簽子』。此例則用了繁縟裝飾。

九三　湖北鶴峰縣野茶坪土家族民居反挑枋

鄂西民居出簷都用挑枋。通常利用樹木根部彎曲之勢，向上翹起。但鶴峰一帶，僅翼角用正挑枋，而檐口則用反挑枋(向下彎)，兩者配合使檐口曲線更為優美。反挑枋端部常雕成馬頭，施以彩繪。挑枋作為裝飾。

九四　湖北五峰縣後河土家族張宅

平面是典型的一正一廂，但『龕子』的『罳檐』轉向院內，走欄又三面走通。此種做法五峰最為流行。

九五　湖北五峰縣後河張宅廂房雨搭

廂房『龕子』的『罳檐』朝向院內，但走欄仍三面走通。注意『罳檐』未形成完整『歇山』，保持雨搭原貌；雨搭並非事後搭蓋，而是由挑瓜柱和挑枋支承。

九六　四川黔江縣黃溪土家族張宅望樓

望樓是在大型民居中的保安設施，常建於比較隱蔽的內院。

九七　四川黔江縣黃溪土家族張宅柱礎

此柱礎用高浮雕，局部透雕，形制豪華，是一罕例。

九八　四川酉陽縣龔灘街道

龍灘在前代是川黔水道要衝。烏江船舶至此必須當地『灘師』駕駛，故爾市肆繁榮。

九九　四川酉陽縣龔灘街道拱門

街道每有拱門，刻額題聯，分隔空間，現只剩此一處。

一〇〇　四川酉陽縣龔灘深巷土家族民宅

主街與烏江平行，常見深巷曲里，聯結坡上坎下，分外幽靜。圖中可見山牆亦用馬頭牆。

一〇一　四川酉陽縣龔灘烏江土家族高岸危樓

高岸危樓，臨江聳立，而且懸壁出挑，令人驚心。

一〇二　四川酉陽縣龔灘土家族江岸民居

臨江也常有馬頭牆樓房，但更多的是輕型木構，牆壁是竹笆粉灰。

一〇三　四川酉陽縣龔灘並聯土家族民居

臨江多棟高樓民居，結構簡陋，但因並肩而立，互相扶持，故爾危而能安。屹立於臨水陡壁之上，氣勢磅礡。

一〇四　四川酉陽縣龔灘江岸道路石橋旁的土家族民居

沿江道路建石橋排放山水，既方便交通，又豐富了江岸景觀。土家族民居屹立於臨水絶壁之上、翠竹茂林之間，前廊挑出高懸江上，空透輕靈，宛如現代別墅。

一〇五　四川酉陽縣龍潭奶娘井

以井為社區鄰里中心，是我國古制，人們常不願『離鄉背井』。龍潭奶娘井四周古建環境，井口嚴格區分飲水、用水，既有序，又親切。

一〇六　四川酉陽縣龍潭土家族民宅朝門

柵欄帶半月板的朝門，在民居中本不多見，此處是一罕例。

一〇七　四川酉陽縣龍潭土家族民宅吊樓

磚牆上懸挑出吊樓，虛實相生，輕盈有致。

一〇八　湖南永順縣巴家河土家族跨溪吊腳樓

土家吊腳樓經常臨水，跨溪，所以『流水別墅』十分常見。此例即跨溪而建。龕子裝飾華麗，已是土家吊腳樓的『洛可可』式。

一〇九　湖南永順縣巴家河土家族吊腳樓

吊腳樓成群靠山佈置，能顯出村落深度，體現出『守望相助』『里仁為美』的古風，而不是單家獨户的偶然堆集。

彝族民居　（王翠蘭撰文，于冰、陳謀德、王翠蘭、吳彥非攝影）

一一〇　雲南小山上的彝族土掌房村寨

新平縣大開門村梯田環繞中的小山坡上，村寨房屋十分密集，順坡建蓋，層疊而上，猶如土中生長出來的一座屋山。房屋高低錯落，水平展開，頗有現代建築造型意象，還有人譽為『雲南的布達拉宮』。

一一一　雲南彝族土掌房村寨景色

新平縣位於向陽山坡的土掌房村寨，朝向一致，逐層升高，韻律優美。在陽光照射下，明亮的黄色土掌房和周圍茂密的樹林，組成一幅和諧優美的山村圖景。

一一二　雲南彝族土掌房村寨的空中通道

村內房屋毗連，屋頂高低相疊，人們可在屋頂上，或借助簡易木梯，走親串户，相互交往，便捷自由，成為村中除地面街巷交通道外，另一條特殊的空中通道。是土掌房村寨特有的空中交通體系。

一一三　雲南彝族土掌房外觀

本户由正房、廂房、門廊組成四合院。正房三間兩層，廂房、門廊和蓋了屋頂的院子為二層，組成高低搭配簡潔樸實的外觀。部份牆面和窗框粉白色，增加了外觀的明亮色彩。房屋底層衝土牆，二層為土坯牆。由二層至一層的平頂上晾曬衣物、農產品等甚為方便，也可以從一層頂登梯上二層頂晾曬。

一一四　雲南彝族土掌房屋頂曬場

土掌房的泥土平屋頂，具有特殊的實用意義：是晾曬農作物最佳場地，既不會霉爛又不受雞蟲騷擾，也不會丟失，是一般地面曬場所無法比擬的。對於地形坮坷的山地農村更為適宜。

一一五　雲南彝族有開敞内院的土掌房

有開敞内院的土掌院，由正、廂房組成寬大的院子，院内種植花木，美化環境。主房前的單層廊亦為泥土平頂，常在此晾曬零星食物，太陽可以直射，又有二層屋頂的出檐可以遮雨，是更理想的晾曬地。

一一六　雲南彝族『一顆印』村寨

蒼翠山巒、綠色樹木環繞中的村寨，一幢幢一顆印民居，依山就勢，自由分佈，房屋密集，有的毗連。自然形成的小巷蜿蜒曲折，一叢叢綠樹生長寨中，構成一個和睦寧靜的山村圖景。

一一七　雲南彝族『一顆印』村寨一角

三户民居，自成院落，朝向一致，獨立修建，順山逐户升高，靈活自如，組成和諧優美的村寨一角，也是『一顆印』的鳥瞰圖。山路崎嶇，環境幽靜。

一一八　雲南彝族『一顆印』民居外觀之一

『一顆印』民居因平面方方如印而得名。由正房、廂房、門廊組成四合院。正房、廂房為二層，門廊一層，石腳、土牆，雙坡瓦頂，硬山封檐。廂房、門廊屋頂為不對稱形式，分長短坡，長坡向內，短坡向外，具有明顯的向心性。大片土牆不施裝飾，入口位於正中，導向性十分突出。建築造型獨特，風格質樸自然。

一一九　雲南彝族『一顆印』民居外觀之二

此房建於清代。由於屋頂短坡向外，牆體高聳，開窗少而小，外觀封閉。正中大門，磚砌門柱，瓦屋簷，脊端上翹，裝修簡樸，在大片黃土牆面對比下，形象突出，靈巧優美。

一二〇　雲南彝族雙幢『一顆印』相連民居

兩個『一顆印』相連修建，常為一家兄弟合建。此相連的一顆印民居建在山麓地邊，色調黃綠相間，和諧優美，一幅農村圖景。

一二一　雲南彝族『一顆印』民居特點

一顆印民居，院子較小，僅為一開間見方，起採光、通風、交通樞紐作用；四方有廊和堂屋開敞，延伸了院子空間，增加了寬大感，又便於雨季行走；牆身高，寒風不易吹進；地面滿鋪石塊，利於排水，防止泥濘；屋頂構造奇特，主房廂房和門廊的各層屋頂相交處，均不用同高相接，而是巧妙地相互上下穿插，避免了屋頂相交設瓦溝易漏之弊。這些特點既適應當地自然條件，又符合農家生產生活的需要，至今仍是農村喜用的住房形式。

一二二　雲南彝族『一顆印』民居內院裝修

一顆印民居外觀簡樸，有的重內院裝修，廈廊的柱頭、樑、枋等常作木雕紋飾。此幢民居加做油漆，以清綠色調為主，局部點綴金色，門窗格子簡潔大方，院內、屋頂上佈置盆景，色調淡雅和諧，環境幽靜舒適。

一二三　雲南彝族『一顆印』民居正面

此户民居，在繼承『一顆印』民居方方如印的傳統上，正面牆體拉平，外粉灰白色，檐下粉白色條帶，局部粉花飾，面貌煥然一新。

哈尼族民居

（石孝測撰文，于冰、陳謀德攝影）

一二四　雲南金平縣哈尼族村寨遠眺

金平縣城郊的哈尼村寨，背山向陽，面臨田壩，村寨沿山箐往山上延伸，層層疊疊，竹木環繞，呈現出哈尼村寨的民族地方特色。

一二五　雲南金平縣哈尼寨一角

蘑菇房土牆、草頂，屋脊整齊，朝向一致，密度較大，靠山朝陽，節約用地。有的與土掌房結合。四圍古樹，翠竹茂密，頗有哈尼山村鄉土特色。

一二六　雲南哈尼族村寨一隅

金平縣城郊位於半山腰公路旁的哈尼村寨一隅，風和日麗，白雲、藍天、古樹、民居、小候車廊，自然美景盡收眼底，令人心曠神怡，流連忘返。

一二七　雲南哈尼族蘑菇房

蘑菇房平面近方形，衝土牆，隔熱保温，窗小而少，以利防盜，草頂呈四坡水，脊短坡長，獨具特色。茂林修竹，環境優美。

羌族民居

（黃元浦、陳謀德撰文，黃元浦攝影）

一二八　四川茂縣三龍鄉河心壩羌寨

四川茂縣三龍鄉河心壩寨建在大山脊頂的高壩上，全部由亂石砌築的民居和碉樓組合在一起，依山就勢，背風向陽，高低錯落，既顯了羌族鄉寨與大自然的和諧共生，又體現了羌族人民樸實、勤勞、團結的精神。在青山環抱林木疊翠中，灰黃色的石築羌寨巍然矗立，雄偉壯觀，猶如一座古城堡，也是一本讀不完的『石頭的史書』。

一二九　四川茂縣三龍鄉河心壩羌寨一角

羌族民居稱碉房或莊房，一般結合地形，分臺建二至三層房屋。三層者底層為畜廄、庫房，高一點八至二點二米；二層為堂屋臥室，高可達四至五米；頂層為開敞照樓和五十至九十平方米的曬臺，供曬糧、休息，解決了山區平地少的問題。二層者人居樓下，畜圈另建。造型厚重如碉堡，但由於高低錯落，部分開敞，虛實對比，在粗獷、渾厚的風格中，還帶有靈活生動的趣味。

一三〇　四川汶川縣羌鋒寨碉樓一景

羌族人砌築的碉樓，過去用於禦敵和儲存糧食柴草，形式多樣，位置險要，雖經百年風雨，仍不減當年雄風，高可達三十多米，十三至十四層，有梯到頂，壁上小孔供射箭用。

布依族民居（羅德啟撰文，羅德啟、譚鴻賓、顏心舒攝影）

一三一　貴州布依族石頭寨遠眺

鎮寧縣石頭寨為布依族同姓集聚村寨，是貴州著名的臘染之鄉。村寨三面都是清澈的河流，村寨依山傍水，環境優美，大小樹木鬱鬱蔥蔥，遠眺山寨，可見到建築群體因地形高差而展現出的不同層次和高低輪廓：隨等高線走向而產生正側交錯、疏密相同的房屋、山牆；其間穿插有曲折的小路，高低的坡坎、天然石階；在古樹翠竹中，醒目的淺灰、土紅石牆，灰白色石板瓦，穿著布依服飾的勞動婦女……彼此襯托，相互輝映，構成了一幅頗有生機和濃厚『鄉土』氣息的樸實自然景象。

一三二　貴州布依族民居及院門

布依族民居建築凡有條件的地方都設有院落圍牆，進院的入口多以地勢而設：有的在正面，有的在側面，院門佈置較為靈活多變，不拘一格，各有特點。

一三三　貴州關嶺縣布依族石頭民居

關嶺縣一帶的布依民居與其他地區不同的是都築有較高的宅基。主入口前面砌有石頭臺階，其目的是因藉地形和防潮，設有後門和側門。重點裝飾部為門窗洞口和山部『龍口』，都有很好的室外環境。

石砌牆體自然獷野，別具一格。石料大小不等，但看去都有較為整齊的紋理，頗有『土著』情調。

一三四　貴州布依族民居環境

布依族很注重環境建設，房前屋後多種植林木，房屋周圍四季常青，夏季遮陽防暑，冬季防風避寒。在山區多依山就勢，因藉地形，許多宅基前築石砌擋牆。房前的小道為石鋪階梯，拾級而上進入宅內。房屋、道路、林木結合在一起，古樸、優美。

一三五　貴州鎮寧縣石頭寨民居細部

這是一個布依民居的院落，由兩棟石頭建築組成，平面佈局呈直角，各為一字形建築，承重構架為穿斗式木構架，牆體為粗料石砌築，屋面是『合棚』石鋪蓋防水。有局部院牆，石砌拱形入口門，有仙人掌及常綠花草植於其上，美化了局部環境。具有人工和自然相結合的美感。

一三六　貴州鎮寧縣石頭寨布依族民居

布依族石頭民居的平面和造型不是呆板不變的，根據地形條件靈活佈置。這是伍宅的一個院落，三合院佈局，房後左右種植樹木，前為道路和場壩。圓拱門上部植有花草，畫面的右側為石砌擋牆，建築與自然風光巧妙地結合為一體。

白族民居（王翠蘭撰文，于冰、陳謀德、王翠蘭攝影）

一三七　雲南大理洱海之濱的白族村落群

大理銀蒼玉洱景色秀麗，在青山、碧水、綠野襯托中，壯麗的三塔屹立，村落星羅棋佈，民居粉牆的白色躍然於綠色田野上，湖光山色如一幅秀美的畫卷盡收眼底。

一三八　洱海邊幽靜的海灣漁村

洱海岸伸出弧形半島，形成天然海灣，島上村舍群集，景色綺麗，令人心馳神往。

一三九　洱海之濱的漁家

房屋濱水修建，岸上洗曬衣物，岸邊漁船停靠，一片豐裕歡樂的漁家生活景象。

一四〇　蒼山麓下的喜洲白族村落

大理喜洲村內房屋毗連，屋頂高低縱橫，山牆形式多樣，外觀輪廓豐富。粉牆黛瓦與白雪皚皚的蒼山相互輝映。

一四一　雲南大理周城大青樹下的廣場和戲臺

兩棵葉茂如冠的大青樹下，是娛樂、集會和商貿廣場。左邊高臺上的建築是本村的戲臺，節日在此演出，熱鬧非凡。樹蔭下商販雲集，熙熙攘攘。

一四二　雲南大理三坊一照壁民居鳥瞰

三坊一照壁民居由正房、廂房和正房對面的照壁組成。房屋均高二層，照壁較低，因而內院空間較開敞，亦可較早得到東昇的陽光，是此類型住宅受歡迎的原因之一。

一四三　雲南大理白族民居外觀之一

民居輪廓豐富，輕盈優美。絢麗多姿的大門門樓；鞍型山牆上粉飾大型山花，下設水平腰帶廈，廈下粉帶形裝飾，組成房屋端部優美的構圖；橫向房屋的後簷下，亦粉帶飾，美化了牆面；下部白牆和條石勒腳比例適當；構成白族民居建築特色突出。

一四四　雲南大理白族民居外觀之二

大理喜洲某三坊一照壁民居，突出中部的大門門樓和照壁，兩端房屋（廂房）色調和形式均予淡化，使華麗精美的門樓和勻稱典雅的照壁更為光彩奪目，體現了白族人民喜愛藝術的情趣。

一四五　雲南大理白族民居外觀之三

宅門正對空曠田野，故在門外正前方建一個三滴水照壁，符合風水『財、福不外洩』的要求。照壁兩端低矮段呈八字牆，形態矯健。牆體的渾厚與大門屋頂的精緻形成鮮明對比。

一四六　雲南大理白族民居有廈門樓之一

有廈門樓是白族民居主要特征之一。廡殿式屋頂分為三段，中段寬高，左右窄低，翼角高翹，凹曲優美。簷下木質斗栱層層疊疊，透雕花枋玲瓏剔透，下部是磚牆勒腳簡潔樸實。整體形象絢麗多姿，是白族民居建築的精華之一。

一四七　雲南大理白族民居有廈門樓之二

此種門樓俗稱『平頭』式，外形與上例門樓基本相同，僅檐下改為磚石裝飾，較為簡練。

一四八　雲南大理白族民居有廈門樓裝修

屋頂挑出深遠，翼角如飛，輕盈優美。簷下木枋、飛罩精雕細刻，施棕色油漆，表現木材的素質美，顯示高雅風韻。

一四九　雲南大理周城白族村口照壁

位於蒼山東麓的村寨，東西向街巷及溪水東流，按風水要求須在街西口建照壁，以保『財富不外流』。此為大理周城白族村口照壁。一字屋頂稱『一滴水』照壁，造型勻稱端莊。壁前廣場空間開闊，大青樹濃蔭遮蔽，環境幽靜，是村民鄰里交往小憩處。

一五〇　雲南大理白族民居『三滴水』照壁

照壁是白族民居『三坊一照壁』的重要組成部分。壁體分三段，中段寬高，兩邊低窄，比例勻稱，形態優美，稱『三滴水』照壁。廡殿式屋頂翼角起翹柔美。簷下設斗栱或掛枋。聯額部位及兩側粉框檔分格，格中分別泥塑山水人物翎毛花卉，或鑲風景畫大理石，或題詩文等。壁面正中用泥塑花邊圍繞一圓形天然景色大理石，其餘壁面全粉白色，下為條石勒腳。色調淡雅，裝飾疏密勻稱，主次分明，工藝精緻，造型俊秀典雅，堪稱佳作是白族民居建築的精粹。

一五一　雲南大理白族民居入口小院側牆裝飾

此為四合五天井入口小院中一方較窄牆面的裝飾，在簡潔框條內滿塑幾何花紋為底，圓形中心鑲『蒼洱毓秀』景色大理石，組成簡潔秀美的小照壁。反映了白族人民對美化環境的追求和造詣。

一五二　雲南大理白族民居精美的六扇格子門之一

白族匠師木雕技術精美，民居不論大小，堂屋都用雕花格子門，雕法分二至五層透雕。堂屋是家庭主要會客處，安裝的六扇格子門蘊含著主人的身份財富，極被重視。這六扇格子門係特聘雕技能手製作。槅心底層雕連續斜『卍、卍』字組合圖案，喻吉祥綿長。外層透雕山石花卉翎毛，前後穿插，凹凸空透，形象生動，栩栩如生，內容多喻意喜慶吉祥。外施棕色油漆，更突出雕藝的精湛。是白族木雕中的精品。

一五三　雲南大理白族民居六扇格子門之二

此六扇格子門亦為雕技難度大的數層透雕，槅心底層為連續幾何紋圖案，外分層雕花卉飛禽，意喻吉祥，如『喜鵲登梅』、『松鶴遐齡』等，構圖精美，形象逼真。裙板浮雕五個形態各異的蝙蝠圍著一變體壽字，意為『五福（蝠）捧壽』。外施褐色油漆貼金，顯得富麗雅致。

一五四　雲南大理白族民居格子門裙板浮雕

此為六扇格子門裙板浮雕，內容均為麒麟等吉祥動物奔跑形象，生動活潑，雕技精美。

一五五　雲南大理白族民居大門木雕

此門木雕極為精美。鏤空透雕的花枋、飛罩、精雕細刻的垂柱、橫梁，以花卉禽獸組成多幅喻意喜慶的圖案，內容豐富，形象生動，如花枋中的盛開蓮花，兩邊挑梁頭的昂頭獅子和展翅欲飛的鳳凰等。雕技精湛，琳瑯滿目，美不勝收。

一五六　雲南大理白族民居外廊欄杆木雕

欄杆上下窄條上雕花卉動物圖案，中間雕圓形長方形相間的變形『壽』字。筆划間雕各種花卉，下垂一排木穗，通透、美觀、形式獨特。

一五七　雲南大理白族民居天花上的木雕

底層明間廊上天花，木板上雕一圓形變寫壽字，意喻長壽。

一五八　雲南大理白族民居前廊及藻井雕飾

白族民居底層廊上樑頭、木枋有雕刻精美的龍、象、兔等形象，刀法深刻、線條圓渾。天花分間做成長形藻井，分大小框格，描繪人物、花卉、題寫詩詞。格子門上亦用書法，裝飾典雅而獨特。

一五九　雲南大理白族民居鞍形山牆具象圖案山花

白族民居山花泥塑各種圖案，豐富多彩，内容多為中國民間喻意吉祥的藝術造型。此圖山牆以六角形薄磚鑲貼牆面勾白縫為底，上粉白色捲草山花，并在蓮花上放的升内插三支戟，用諧音寓意為『連（蓮）升三級（戟）』。

一六〇 雲南大理白族民居人字山牆大龍吐水山花

山花泥塑大龍吐水圖案，寓意龍吐水防火災保平安。圖象凹凸明顯，尤以龍頭突出，龍身、龍尾、龍爪被雲紋環繞，豐滿雄渾，氣勢豪放。

一六一 雲南大理白族民居人字形山牆彩繪山花

彩色山花較為少見，在菱形藍底上繪白黃色大牡丹一朵，兩邊繪變形鳳凰二只，下面用白色牆面襯托。腰檐下框檔內還有淡墨山水，及松竹梅圖，色彩淡雅，賞心悅目，給人以寧靜的感受。

一六二 雲南大理白族民居圍屏

正房底層廊端的牆面裝修稱『圍屏』，是裝飾重點部位之一。屏身分三段，上段鑲山水景色大理石，下段粉花卉，中段近方形，做成圓形圖案，外框兩圈花紋，內圈刷藍色，以突出中心精選的山水風景大理石，上角題詩句，宛如一張精美的山水畫，詩情畫意頗濃。

一六三　雲南大理白族民居二樓圍屏

圖為二樓圍屏，中部裝飾為八角形，外框兩層，內層粉連續圖案並著冷色，中心為圓形天然風景大理石，右上角題『山峰千里遠，古樹萬年青』詩句，以詩寫畫意，頗有情趣。

一六四　雲南大理白族民居大理石柱礎

民居以大理石為柱礎者頗多，上雕刻圖景，美觀堅固。此柱礎為一塊長方形大理石，四面雕花飾，右為松鶴，意寓松鶴延年，左為竹雞，寓意竹報大吉（雞），吉祥之意。

納西族民居（石孝測、陳謀德撰文，丁冰、陳謀德攝影）

一六五　雲南麗江縣古城大研鎮鳥瞰

麗江納西族自治縣古城大研鎮始建於宋末元初，已有七百多年曆史。從鎮西獅子山上，向東偏北俯瞰古城，民房群落，鱗次櫛比，灰黑色筒板瓦屋頂縱橫交織，高低錯落，頗有韻律感。左下方樹下廣場即中心『四方街』，場内可見商販雲集。

一六六　雲南麗江象山南麓的納西族村寨

村寨位於麗江城北象山南面廣闊田野的邊緣。有數百户人家，其總體佈局、民居造型等均具納西族民居特色。青山、碧野、滿樹紅花，一片田園春色，環境十分優美。

一六七　雲南麗江古城街景一隅

麗江古城街景一隅，遠處是晨曦薄霧籠罩下的獅子山古樹和民居。

一六八　雲南麗江古城小巷

麗江古城民居小巷景觀，房屋佈局高低錯落，平面進退曲折，綠樹紅花，小橋流水，青瓦白牆，深遠挑檐，創造了一個寧静、優美、舒適的居住環境。

一六九　雲南麗江古城小巷民居

屋頂錯落有致，大挑簷山牆與簡潔牆面形成鮮明對比，是納西族民居特有風格。

一七〇　雲南麗江古城臨水納西族民居

納西族民居臨水而建是又一特色，民居挑出水面，屋頂高低錯落，小橋流水，真有江南水鄉之韻味。

一七一　雲南麗江古城臨水街景

麗江古城大研鎮，街道沿河兩岸建設，有多座小橋坐落河上，頗有『高原姑蘇』的景色。

一七二　雲南麗江古城邊臨水納西族民居

位於城邊的景色，視野開闊，水面寬大，一邊是納西民居，另一邊為綠樹田園，更具江南水鄉特色。

一七三　雲南麗江古城水巷納西族民居

玉龍雪山流下的溪水，流經麗江壩子，黑龍潭玉泉水流過千家萬户，有的民居沿水兩岸建設形成水巷；小橋人家，頗有水鄉景色。

一七四　雲南麗江古城前街後河民居

麗江古城聯排式民居，利用地形高差，前面臨街一層，後面臨河二層，樓上前店後住，樓下廚房有便橋跨河上，形成便於生活的水上空間。河畔綠樹葱籠，房上盆景點點，空間環境宜人。

一七五　雲南麗江古城納西族傍水民居之一

懸山屋頂山面臨水，木構小築挑於河上，垂柳依依，婦女洗滌，一幅水鄉圖景。

一七六　雲南麗江納西族民居風貌

納西某民居，山牆腰簷上做凹廊、欄桿，裝六扇菱花格子門。曲面懸山屋頂出挑深遠，寬厚的博風板和頎長的懸魚形態優美。四週綠樹成蔭，民居如園林亭榭，輕盈飄逸，綺麗多姿，是難見到的建築藝術佳品。

一七七　雲南麗江古城納西族傍水民居之二

空間層次豐富，民居輕盈飄逸，綠樹茂密，環境幽靜，『春江水暖鴨先知』，一派高原水鄉風貌。

一七八　雲南麗江農村納西族民居

麗江縣白沙鄉農村納西族民居，簷牆為木壁長窗，山牆窗已改用玻璃窗，而懸魚下部仍保留了雙魚形這個古老形象。

一七九　雲南麗江古城納西族民居内院

較高正房與廂房屋面交錯，不用斜溝。鋪地在四面幾何圖案中，做一變形團『壽』字，四周蝙蝠，象徵福壽綿長。院内花木扶疏，若禪房幽深。

一八〇　雲南麗江納西族民居内院鋪地之一

民居内院鋪地十分講究，精雕細琢，花飾多樣，寓意豐富，是納西族民居喜愛藝術的體現。用卵石與側砌瓦片組成的菱形與八角形相間圖案，簡潔而有韻律，是納西人常用的花飾。

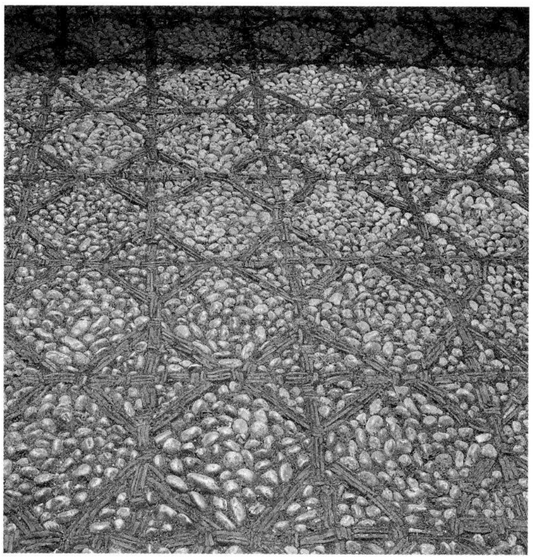

一八一　雲南麗江納西族民居內院鋪地之二

采用卵石與側砌磚瓦組成中央圓形圖案，以石塊以及卵石、瓦片組成迴紋鑲邊，四角還有蝙蝠等具象圖案，比純幾何圖案增加了內容和變化，但仍有園林鋪地韻味。

一八二　雲南麗江納西族民居格子門

格子門為半成品，可在市場上購買。多數是劍川白族匠師製作，少數為自己匠人所製。槅心在卍字紋背景上雕刻花鳥，形象生動美觀。

一八三　雲南麗江納西族民居格子門槅心木雕

格子門槅心以連續斜卍字紋為底，象徵萬福綿長，上雕花卉翎毛，並寓意深長，如『室（石）上大吉（雞）』隱喻吉利平安。中滌環板上，亦有花卉浮雕，技藝精湛。

一八四　雲南麗江納西族民居門樓

雖不如白族民居那樣華麗，但也是頗受重視的。主要是以主人的身份、職業、經濟等而定。

此是麗江古城光義街官院巷四號王宅大門，翼角如飛，斗栱重疊，形似牌樓，木雕精美。

一八五　雲南麗江納西族民居樑頭穿枋木雕

檐下樑頭穿枋精雕細琢，紅底貼金，華麗美觀。

一八六　雲南麗江納西族民居底層檻窗

民居底層次間檻窗上有通常花格横披，花槅心中間一方形窗，花格顯得那樣細膩、豐富，表現了納西人對建築藝術的追求。

一八七　雲南麗江納西族民居天花欄杆裝飾

納西族民居堂屋前廊木板天花上做連續萬字紋，寓意幸福綿長。木欄桿下部樑上貼木板雕仙鶴等吉祥物和垂穗；堂屋格子門上橫披做成内外連鎖套方錦、嵌花飾窗櫺，色彩協調，形象美觀，堪稱佳構。

一八八　雲南麗江納西族民居懸魚

納西族『麗江民居之屋頂……施博風版及懸魚；……均存漢代餘法』，『猶存唐宋遺風』（《劉敦楨文集》第三卷），至今如此，説明中原文化影響之深。而且有的仍保持原始的魚形，寓意『連年有餘（魚）』的意思。

一八九　雲南麗江納西族民居懸魚木雕

麗江古城大研鎮某民居懸魚，形象優美，上部和下部均做精緻木雕，可見民居對懸魚的重視。

一九〇　雲南麗江納西族民居圍屏

納西族民居堂屋前廊端頭牆面加以適當美化稱為圍屏。本圖磚牆中部，在八角形磚框中嵌入圓形山水大理石，并題詩句，雲海茫茫，宛如圖畫。雖不及白族圍屏裝飾豐富，但簡潔，素雅，仍是視覺焦點。左側可見掛落及廂房檻窗。

一九一　雲南寧蒗縣納西族支系摩梭人住房

雲南寧蒗縣永寧鄉落水下村納西族支系摩梭人住房，位於瀘沽湖邊的一半島上，幾幢木板頂『垛木房』(即井干式)，坐落在綠樹叢中。陽光和煦，碧波蕩漾，環境幽靜，風景絶佳。

一九二　雲南寧蒗縣瀘沽湖畔的摩梭人住房

摩梭人房屋，是用一根根圓木層疊，上用木板蓋屋頂的房屋，當地稱為『垛木房』。圖為瀘沽湖畔摩梭人住房，可見湖光、山色、老樹、人家。

一九三　雲南寧蒗縣永寧鄉摩梭人主房內景

寧蒗永寧鄉納西族支系摩梭人主房堂屋是女主人、小孩住處，也是全家人就餐、祭祀、活動、待客的場所。圖是堂屋內景，火塘上神龕內供的神牌是竈神宗巴拉。

瑤族民居（劉彥才撰文、攝影）

一九四　廣西金秀縣瑤族金秀村（茶山瑤）全景

金秀村背倚青山，前臨沃野，村前有小溪，路徑沿溪水流向鋪設。房舍密度較大，房連房，屋連屋，都依山勢小溪而彎曲排列，院牆也隨之或彎或斜。為了爭奪建築空間，方便交通、防衛，在巷中常有過街樓廊跨越溝通。溪邊搭簡易木、石小橋，設臺階踏步，便於交通取水洗滌和兒童戲水，頗具水鄉庭園生活情趣。

一九五　廣西金秀縣金秀村瑤族（茶山瑤）蘇宅大門

金秀村在瑤家是文化、經濟比較發達的村寨，故立面裝飾十分講究。宅舍大門處理特別，有門匾、門簷、門墩、門檻及矮欄門，門匾、門扇上有龍鳳花草、迴紋、萬字浮雕，匾上還有金字橫額，雕龍刻鳳，花團錦簇，色彩斑斕。陽臺欄杆和屋簷挑手也雕刻精美，可以說是瑤家的精品。這種採用雕刻裝飾重點處理和兩宅立面整體組合、突出對稱中軸線，在民居中實屬罕見。

一九六　廣西南丹縣里湖鄉瑤族（白褲瑤）王尚屯外景

王尚屯坐落在山谷中，沿水塘、山腳、坡地等高線排列。建築佈局自由靈活，不受一般格式的限制，順地形山勢而建，該高則高，該低便低。道路鋪設也順其自然，多為卵石或土路。宅與宅間也不以高欄相圍，是典型的自然村落格局，村舍與環境融為一體，使人感到淳樸自然、親切宜人。

一九七　廣西金秀縣十八家村瑤宅（盤瑤）

盤瑤多聚居山腰、山脊、陡坡之上，宅居選點視地形、擇山水、測風向而定，無統一朝向，沿等高線分散佈置。故平面顯得靈活多變，空間高低錯落，疏密相間；大門居中，多為兩層木構架、衝土牆、小青瓦屋頂。平面三開間，設開敞吊樓，是休息，作副業的好場所，立面凹凸高低，虛實對比強烈，尺度親切近人，樸實簡潔自然，顯示出濃厚田園生活氣息。

畬族民居（黃漢民撰文，黃漢民、高齊龍、劉蘇惠攝影）

一九八　福建羅源縣霍口鄉半山村畬族雷宅

福建省羅源縣霍口鄉半山村雷宅，建築背山面湖，坐落在山坡腳下，坡上竹林成片，宅前平展的前埕緊接層層梯田和一湖碧水，景色秀美、環境宜人，建築樸實無華地與大自然融為一體。

雷宅為兩層樓的全木構建築，歇山式瓦頂，平面一字型，五開間對稱佈局，明間正

廳對前埕開敞，佔兩層高的空間，廳後置『正屏』與後廳分隔，屏前設供桌。次間前面板壁後退形成兩層高的前廊，廊兩端在梢間設樓梯單跑直上二樓。二層空間通透開敞，主要用作儲藏。第二層兩側及背面向外挑出迴廊。全宅木構件均為杉木製作，清水刨光、不施油彩，顯露木紋，木材的天然本性得以充分地表現。

一九九　福建羅源縣白塔鄉南洋村畲族藍宅

建造至今已有一百多年。其正屋兩層，五開間，兩端帶單層的披屋。明間為廳、次梢間為臥房，正面設前廊，室內有縱向的『直弄』與貫穿全宅的『橫弄』。正房為木構兩坡瓦頂，山尖菱形的木懸魚上雕刻陰陽八卦圖案。其山面與披屋構成雙層橫向披檐。披屋後端又穿插小坡頂，使側立面外觀形象生動活潑。

二〇〇　福建福安市甘棠鎮畲族村

福安市甘棠鎮西北山區的畲族村山頭莊，海拔四三〇米，全村八十二户三百一十四人，主姓鍾，於明正德十一年（一五一六年）遷入至今近五百年。

聚落鑲嵌在山坳之中，背依『獅子巖』和『雞冠頂』，坐西南向東北。全村共有木構房屋六十三座，從溝底一直延伸到山頭。由於山地陡峭，即使砌築高高的擋牆也只能平整出小塊的建屋基地，因此民居上下錯落，連以石階，這也許是村子別名『上下壟』的由來。村中唯一的小道沿著山腳蜿蜒，順著石階登臨，趕上雲霧迷蒙的季節，仰望山頭，民居就像建在浮雲之上。居高臨下，俯瞰全村，村舍又被淹没在迷霧之中，令人幻覺身臨神奇的仙境。

二〇一　福建福安市山頭莊畲族民居

福安市山頭莊叢箐邃谷中的畲族民居。村口祖祠旁邊是兩層樓的村委會，歇山瓦頂，木構挑廊，土牆圍合，坐落谷底，別具一格。

二〇二　福建永安市青水畲族鄉青水村鍾宅

永安市青水畲族鄉青水村鍾宅，建造至今已有一百七十多年歷史。坐南朝北、依山面溪，房後山坡上築半月形擋牆護坡，週圍樹林茂密，形成穩當的靠背。

平面佈局對稱，由中心四合院與兩側的護厝組成，廂房與護厝之間形成兩個小天井，使內部空間更加豐富。護厝歷經改建左右稍有差異。前院進深很淺，矮土牆圍合，西端設一獨立的小門樓，東北角又一個門樓可能是後來添建，中心合院的正房與門房瓦頂均分三段處理，中段抬高以強調中心，西側護厝屋頂懸山向前作小迭落，整個建築外觀端莊平穩又富有變化。宅可作為閩中地區畲族民居的典型代表。

二〇三　福建福安市阪中鄉仙巖村畲族民居及風水樹

福安市阪中鄉仙巖村中兩棵引人注目的大樟樹，它作為村寨的風水樹而頗受重視。樟樹扎根半山腰的懸崖，崖下可見一組民居的瓦頂，崖上的平臺邊是新建村文化站，樹下的平臺就成為村寨中的一個室外公共活動中心。畲族對村寨的風水樹十分注重，在許多族譜中常有描述，他們期望風水樹能保佑氏族的繁榮。

二〇四　福建福安市仙巖村畲族民居

福安市仙巖村的畲族民居是建在比較陡峭的山地上。它並沒有利用地形將宅內地坪作迭落處理，而是在山坡上開出一小塊平地來建造住宅，這樣建築結構相對簡單，因此形成了層層的小臺地，高高的石擋牆，每家每户都要從路邊的高石階上入口，形成饒有特色的村寨景觀。

二〇五　福建福安市仙巖村畲族鍾宅中廳

福安市仙巖村鍾宅中廳，這裏是宅內祭祀與公共活動的場所。中廳佈局對稱，前面對天井開敞，後面為木屏風，屏風兩側有門通後廳，屏前置供桌，左右門上設神堂，一般左神堂供族神、右神堂供祖宗。屏風邊的兩根木柱上貼對聯。福建閩東畲族民居家家户户都貼同樣的一副對聯：『功建前朝帝嚳高辛親勅賜，名傳後裔皇子王孫免差徭。』橫批同樣是『鳳凰到此』四個大字。

二〇六　福安市仙巖村祠堂中的『祖牌』

這是福安市坂中鄉仙巖村的『祖牌』。畲族村寨大多設有祠堂，同姓同祖屬一個祠堂，是祭祖的場所。祠堂下同一近親的人為一『房』。祖宗的牌位都置祠堂中。畲族民居十分簡樸，其祠堂也没有更多的雕飾，然而『祖牌』卻是精雕細刻，表面貼金，異常華麗。可見畲族是重舊不忘祖的民族。

本卷承以下單位大力支持，在此深表感謝：

華中理工大學建築系
廣西大學建築系
雲南省設計院
貴州省建築設計院
福建省建築設計研究院
中國建築東北設計研究院

本卷編委會

中國美術分類全集

中國建築藝術全集

第23卷 宅第建築（四）（南方少數民族）

图书在版编目（CIP）数据

中國建築藝術全集（23）宅第建築（四）（南方少數民族）／王翠蘭主編．—北京：中國建築工業出版社，1999

（中國美術分類全集）

ISBN 7-112-03805-7

Ⅰ．中… Ⅱ．王… Ⅲ．住宅－建築藝術－中國－圖集 Ⅳ．TU-881.2

中國版本圖書館CIP數据核字（1999）第01019號

中國建築藝術全集編輯委員會 編

本卷主編 王翠蘭

本卷副主編 陳謀德 石孝測

出版者 中國建築工業出版社（北京百萬莊）

責任編輯 王明賢

總體設計 雲鶴

本卷設計 吳滌生 程勤 王晨 陳穎

印製總監 楊一貴

製版者 北京利豐雅高長城製版中心

印刷者 利豐雅高印刷（深圳）有限公司

發行者 中國建築工業出版社

一九九九年五月 第一版 第一次印刷

書號 ISBN7-112-03805-7/TU・2947(9054)

（京）新登字〇三五號

國內版定價三五〇圓